意匠轩文集

扬州大明寺大雄宝殿修缮实录

赵昌智 题

梁宝富 编著

中国建材工业出版社

图书在版编目(CIP)数据

扬州大明寺大雄宝殿修缮实录 / 梁宝富编著. -- 北京 : 中国建材工业出版社, 2014.6
ISBN 978-7-5160-0781-5

Ⅰ. ①扬… Ⅱ. ①梁… Ⅲ. ①寺庙－古建筑－修缮加固－扬州市 Ⅳ. ①TU746.3

中国版本图书馆CIP数据核字(2014)第048458号

内 容 简 介

本书是作者通过长期对扬州大明寺建筑与文化的研究,借扬州大明寺大雄宝殿保护修缮的设计与施工的具体实践机会,对保护修缮的全过程进行记录,并测绘了建筑遗迹,收集整理了历次修缮信息、碑记等史料。全书共分4章,分别是大明寺建筑群综述、大雄宝殿勘察与设计、修缮施工技术及结语,既对今后扬州大明寺保护修缮提供比较完整的史料,又可对建筑遗产保护工作者提供理论和实践的借鉴。

扬州大明寺大雄宝殿修缮实录

梁宝富　编著

出版发行：中国建材工业出版社
地　　址：北京市西城区车公庄大街6号
邮　　编：100044
经　　销：全国各地新华书店
印　　刷：北京中科印刷有限公司
开　　本：889mm×1194mm　1/16
印　　张：12.5
字　　数：150千字
版　　次：2014年6月第1版
印　　次：2014年6月第1次
定　　价：180.00元

本社网址：www.jccbs.com.cn　　微信公众号：zgjcgycbs
本书如出现印装质量问题,由我社发行部负责调换。联系电话：(010) 88386906

华夏古建新秀
江淮营造奇葩

罗哲文题

俯瞰大明寺 李斯尔摄

意匠神工

功德無量

大雄寶殿修繕有感

大川寺旅吟

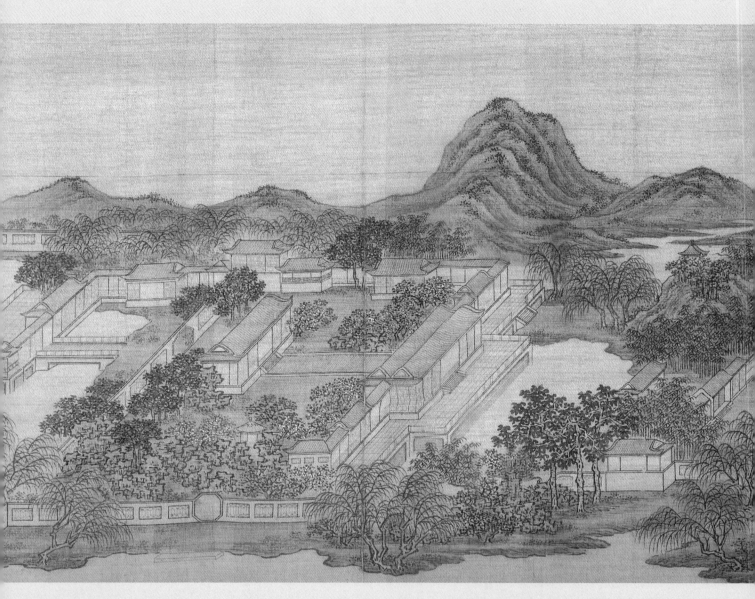

摘自《江南园林胜景》

序言一

　　扬州是国务院公布的首批历史文化名城之一，具有悠久的历史和灿烂的文化。大明寺是全国重点寺院，位于扬州古城北郊的蜀冈中峰，始建于南北朝宋孝武帝大明年间（公元 457—464 年），寺以年号为名。寺因唐鉴真和尚六次东渡、宋欧阳修建平山堂、苏东坡修建谷林堂、康乾二帝巡寺等诸多盛事而闻名天下。寺院曾多次毁坏，最后毁于咸丰年间兵火，现存建筑是清同治九年（1870 年）修建。

　　该寺形态规整，三进建筑依山而建，符合传统寺庙建筑的布局规则。大雄宝殿面阔五间，进深五间，歇山顶，保持着扬州同治年间地方建筑风格。寺院曾多次进行修缮，上一次修缮为上世纪七十年代末，至今已有三十多年。在寺院长期的使用过程中，以及自然界风霜雨雪的无情侵蚀下，出现了构件变形、白蚁侵蚀、屋面漏雨、砖瓦风化、地面返潮等不同程度的险情，存在着安全隐患。扬州市有关方面高度重视，立即作为抢救性保护项目立项，按照文物保护工程的相关程序组织了实施。

　　修缮保护文物建筑，必须坚持"保护为主，抢救第一"的方针，以《文物保护法》中"不改变文物原状"原则为准绳，这是我们多年实践过程中总结的经验。我作为专家组成员，参加了大明寺大雄宝殿竣工验收工作，听取了建设、设计、施工、监理各方的汇报。他们通过史料查阅、勘探测绘、专家咨询、工匠访谈活动等，掌握了近代历次修缮信息、原有形制、法式特征、工艺特质及朽损原因，进行了保护设计。通过精心设计、精心组织、精心把握工序，得到了"整旧如旧"和"最小干预"的效果，保持了原形制、原工艺、原风貌，是一个典型的优秀修缮案例。

　　使我欣慰的是，主其事者乃是有心人，他们不仅勤奋工作，使修缮工作做到尽善尽美，而且在整个工程修缮进程中，认真收集整理资料，总结写就了一份有价值的档案资料，内容翔实，图文并茂，文献性和观赏性兼具。

这份题名为《扬州大明寺大雄宝殿修缮实录》的材料，还原了修缮工程的全部真实过程，收集了历史修缮的碑记和信息，为千年古刹留下了弥足珍贵的历史档案，使后人了解该寺的真实面貌增添了一条"捷径"，在可逆性和可辨性原则方面做了努力，这种对事业执著的态度、对历史负责的精神，值得赞扬。

半个多世纪来，我一直从事着中国古代建筑的研究和文物建筑的保护工作，对我国大量优秀的古代建筑，感情深厚。每当看到在文物建筑维护工作方面取得成绩，都会由衷感到高兴。此次，在扬州大明寺大雄宝殿修缮工程顺利竣工，《实录》即将付梓之际，扬州意匠轩园林古建筑营造有限公司梁宝富先生，盛情邀我对此写几句话，我觉得理所应当，不该推辞。于是欣然提笔，写了以上文字，略表寸心，感谢同仁们为我国建筑遗产的流芳百世所做的不懈努力。

是为序。

江苏省文物建筑保护专家组组长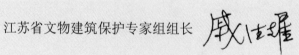

序言二

出差回来见桌面上放着一叠文稿，题为"扬州大明寺大雄宝殿修缮实录"，眼前为之一亮。"扬州大明寺"这是多么响亮的名字！可以说：名闻遐迩，声震中日，它是唐僧鉴真大和尚出家驻锡之地。所处位置在蜀岗中峰，有"淮东第一观"之称。

扬州在历史上既是一个发展繁华的城市，也是一个多灾多难的城市，几乎遭遇了中国历史上所有战争的蹂躏和摧残。扬州大明寺在历史上的存在也就断断续续，时断时连，始终未完全断绝，也始终未大发展而固定下来。

至清朝初年因忌讳"大明"二字，改名"法净寺"，法净寺的建筑充其量也不过是明末清初之物（见《又小志》：明万历间郡守吴秀即其址建寺，复圮；崇祯间巡漕御使杨仁愿重建。国朝（清）顺治间郡人赵有成募捐增修。雍正间汪应庚再建前殿、后楼、山门，廊庑庖皆具）。至乾隆三十年南巡敕题"法净寺"。太平天国时期再毁，同治九年重建，留传至今，因靠了鉴真和尚故里故寺之光躲过一劫。

1963 年为纪念鉴真圆寂 1200 周年，曾于扬州法净寺内筹建纪念馆，著名建筑家梁思成亲自主笔，扬州邀陈从周陪同协助，1973 年建成，定名鉴真和尚纪念堂。

1974 年我带领第一批学员来扬州参观古建筑，详细讲解了鉴真的勇敢探索新领域的精神："沧海渺茫，百无一至，诸君不去，我即去耳""不怕牺牲"，六次航海，五次失败，眼睛瞎了，还坚持出海，到第六次终于成功。随同跨海弘法者 150 余人，其中和尚只有 10 余人，大部分是工匠和水手，因此于其说是宗教性弘法，不如说是文化性传播。

"山川异域，风月同天，寄诸佛子，共结来缘"，这几句寄语至今仍是中日交往之纲绳吧！来缘善恶，正是需要我们共同把握的事情。

1980 年迎接鉴真和尚等身坐像第一次回乡探亲，法净寺正式复名大明寺。其实，今日之大明寺远非南朝刘宋创立时期的大明寺，亦更非鉴真跨海弘法时的大明寺，甚至连清朝敕题法净寺也称不上，那个寺院也已在太平天国时期彻底毁灭了，今存大明寺是同治九年（公元1870年）复建的。由于当时中国正处于国计民生破败凋蔽之时，物料奇缺，经费穷困，都不可能严格按照官式、法式要求，都是因陋就简，凑合使用。甚至连斗栱都不能依法式排满。但也不能说它不是大明寺，因为它确确实实是历代大明寺演变发展之结果，无数文献记载和出土遗物，证明大明寺的遗址就在这里。1985年前后余曾应邀制定了栖灵塔方案设计，并作为设计者出席了奠基洒净典礼。塔据唐诸先贤诗，设计仿木构，楼阁式，四方平面，四向辟门，一门二窗，斗栱宏大，出檐深远，带平座腰檐，九层，顶置高耸的相抢，以为标志。建议塔体高：（1）不超过蜀岗自瘦西湖水面上高为宜；（2）顶层能上人不碰头，可有所增减。现在做到通高。

今天来修大明寺的大雄宝殿，就应该立足于今天之所见，当然绝对保存其形式风格，不允许有任何改变，贯彻修故如故，以存其真，但对一些损毁严重已无法再利用的构件、部件，为了整体安全，也不能说绝对不能更换。尽可能保存、利用原件，减少干预，这是必须贯彻的基本原则，但也不可避免的也必然会更换一些原构件或部件，朽烂的梁柱枋椽，断砖碎瓦；也会有一些新元素加进去，比如：避雷、避电，消防设施，防潮、防朽，加固，防火，以及安全变形、变位监测等。即使是较耐久的砖石部分也会碱化变脆变酥，有时也必须修补或更换。我们所谓的原真性，不是绝对原真性，而应是相对原真性。

在东方文化哲学思想中是"无常"，一切皆随时随地而变化，"天地者万物之逆旅；光阴者百代之过客"。近年国家康泰，人民平安，因此对其大雄宝殿、天王殿进行修缮也就成为当务之急。扬州意匠轩园林古建筑营造有限公司梁宝富经理，勇当其任，多年来他在扬州一直从事古建筑、古园林的修缮、营建工作，继承和发挥了扬州南秀北雄的传统，成绩斐然。今又在建筑文化遗产保护上再创新绩，实在可喜可贺，其不辞劳苦，认真钻研探讨的精神，值得推崇、学习。遗产修复不同于一般古建筑修复。它既需要保证遗产的安全，又需要尽最大可能减少干预，以存其真，保存遗产的原真性，成了文物遗产保护修复的最根本的要求。因此首先就要对遗产本身的价值具有深刻的理解。只有理解了的东西，才能更深刻的感受它。所以梁先生从大明寺开创，经隋唐五代宋元明清，直到近代、现代历史演变发展，查了个清请楚楚。然后又分别对现状损坏破坏情况，进行现场勘察、观测、考察、分类、记录，并进行实际测量，画出准确精美的实测图，确定修缮位置、大小、范围和方法，提出修缮设计方案和具体实施办法和措施。实施后，还必须建立监察管理机构和办法以便检验修缮效果，可以说遗产保护已经发展成了一门专门的学科和专业。扬州意匠轩园林古建筑营造有限公司及其经理梁宝富先生就是这个领域内的领军人物。恭请阅读《扬州大明寺大雄宝殿修缮实录》可证吾言非虚矣！吸取成功经验，让我们知道应该如何去做；吸取不成功的经验，让我们知道如何不该去做。在某种意义上来说，证实和证否是具有同等意义的。

　　大作当前，岂敢言序，多年陈言，惟求证于人于事而已。

末学路秉杰于精桐设计岁次甲午公元 2014-1-6

同济大学教授、博士生导师　　路秉杰

竹西風景

硯伯薛俊畫於飲秋香館

引自《馆藏扬州园林书选

序言三

中国园林古建筑是我国文化遗产的重要组成部分，在数千年的历史发展过程中形成了完备的造型式样、风格特征、结构体系和巧妙多变的设计手法，是古代工匠伟大智慧的结晶，这种有特色的成就在世界上久享盛名。新中国成立后，党和政府十分重视古建筑、古园林等文物的保护工作。1961 年国务院公布了第一批全国重点文物保护单位名单和《文物保护管理暂行条例》，并相继颁发了《中华人民共和国文物保护法》等法律法规文件，使文物保护工作走入科学管理的轨道，具有可操作的实用价值和承先启后的深远意义。

在现代经济大发展和文化大复兴的今天，中国园林建筑的保护、传承的任务日趋繁重，但是，随着时间的推移，从事古建筑的老工匠越来越少，技术力量已经明显不足，这与当前的旧城改造、文保单位逐年增加所面临的建设和修缮的工作量是不相称的。我深忧各地流传多年的地域营造古建筑技艺渐有失传之势。因此，有幸读了扬州意匠轩园林古建筑营造有限公司梁宝富先生所写的《扬州大明寺大雄宝殿修缮实录》一书的初稿，甚为欣慰。本书内容清晰，从调查研究形成设计文件，制订了施工组织方案，收集历次的修缮信息，总结老工匠的实践经验，弘扬了传统工艺和技术，又谨慎使用新技术，对我国优秀的建筑遗产的保护以及指导建立师承体系的工匠队伍的建设具有十分重要的意义。我作为一个从事古建筑、古园林保护与建设的老工作者，对作者致力于此书所付出的辛劳表示感谢。

梁宝富先生具有多年的古建筑、古园林、风景园林营造与修缮的实践经验，所设计施工的项目对技艺传承、技术创新运用方面均有新的突破，由于他注重历史理论、地域风格的研究，设计施工的项目深受社会各界好评。我所了解的集设计、施工、研究于一身的复合人才甚少，然而他身上既表现了中国古代营造的形式，又适应了国际化的需求，作为业内的中青年专家，衷心希望梁宝富先生所领导的扬州意匠轩园林古建筑营造有限公司成为为中国建筑遗产保护⋯⋯做出贡献。

本书的出版，⋯⋯文物保护工程技术人员提供文物修缮保护的理论和实践的案例，又可对今后扬州大明寺保护修缮提供难得的参考资料，对文物保护设计文本编写和文保工程的项目管理规范化有极大的帮助。我相信此书一定会受到欢迎，衷心希望更多的文保工程编写实录出版，供大家借鉴。应宝富君之邀，欣然执笔作序。

中国风景园林学会园林工程分会理事长
中国建筑业协会园林与古建筑施工分会会长

鉴真

目　录

第一章　大明寺建筑群综述

第一章　大明寺建筑群综述

第一节　大明寺概况

一、地理环境

大明寺坐落在扬州古城西北蜀冈之上，依山面水，位于邗江境内、高邮湖西部；蜀冈区大都覆盖着黄土，即属黄土冈地。冈地海拔在 30 ～ 40m 之间，形如一条卧龙横亘东西，形成东、中、西三峰。东、中峰之间有一条沟壑分割，乾隆年间，东、中峰夹涧建"双峰云栈"，为扬州北部"二十四景"之一。中、西峰自行连贯，大明寺居于蜀冈中峰之上，通过数年的营造，绿树成荫，殿宇有序，气势宏伟。它既是一座驰名中外的千年古刹，又是一处环境秀丽的自然风光，同时更是具有丰富内涵的人文景观。蜀冈三峰一直堪称"扬州第一胜景"（图 1-1）。

唐代以前，大明寺已名闻天下。唐代高僧鉴真曾由该寺东渡出行日本。大明寺虽已经千余年，也屡有兴废，但庙址未变。唐代李白、白居易、刘长卿、刘禹锡等著名文人墨客的登临，更使得大明寺名声浩大。

图 1-1 蜀冈朝旭（引自《扬州画舫录》卷十五）

图1-1

自宋代欧阳修在寺内建平山堂后，苏轼建谷林堂。平山堂盛名天下（图1-2），大明寺一度被其所掩，但也因为平山堂的闻名而提升了蜀冈文化品位，二者日渐融为一体，相得益彰。

图1-2

大明寺的建筑，以牌楼、山门殿兼天王殿、大雄宝殿等主体建筑布置在一条南北中轴线上，形成依山势由低向高逐渐登升的布局。大雄宝殿前两侧院墙上，东南有"文章奥区"与西南"仙人旧馆"两门相对，又形成东西两路线。进入西门，为平山堂（图1-3），堂后连廊至谷林堂。相传此堂建于北宋元祐年间（1086—1093年），取苏东坡《谷林堂》诗中"深谷下窈窕，高林合扶疏"二句中第二个字而得名。谷林堂后有欧阳修祠，又名欧阳忠祠。旧城曾建欧公生祠，岁久祠废，后移祠于平山堂后，清咸丰年间（1851—1861年）毁于兵火。光绪五年（1879年）两淮盐运使欧阳正墉集资重修。

文章奥区内有平远楼、晴空阁（又名真赏楼）、四松草堂。平远楼取宋代画家郭熙《山水训》中"近山而望远山，谓之平远"之意，为清代盐商汪应庚出资所建。北侧晴空阁，为清康熙年间（1662—1722年）

乡绅汪懋麟所建，取欧阳修词句"平山栏槛倚晴空"意。此阁原为"真赏楼"，取欧阳修"遥知为我留真赏"意，后由清戏曲家、户部员外郎孔尚任改为今名。后为"四松草堂"，与20世纪60年代由梁思成先生主持设计的鉴真纪念堂的碑亭和主殿，成一中轴线，构成东西轴线夹山寺而立的格局，为大明寺营造了浓厚的文化氛围。

平山堂之西为西园，又名芳园、御苑，始建于清乾隆元年（1736年），为汪应庚所建筑，后毁于咸丰年间兵火。同治年间，两淮盐运使方浚颐重建。西园内有康熙和乾隆御碑亭、第五泉、听山石房、方亭、船厅、美泉亭等胜景，园内古木参天、黄石嶙峋、池水清澈，另有一番山林野趣。

图1-3

图1-2 平山堂（引自《南巡盛典》）
图1-3 平山堂（引自《扬州博物馆藏图本集萃》）

近30年以来，陆续增建了藏经楼、栖灵塔、卧佛殿、钟鼓楼、五观堂、财神殿、僧舍等建筑，因地布局，高低错落，与栖灵塔气势磅礴、高耸入云的雄伟气概构建了东园建筑群，一派壮丽的风光。

大明寺占地500余亩，由寺庙古迹、仙人旧馆、文章奥区、西园芳圃、鉴真纪念堂、栖灵塔六部分组成，是一处集宗教建筑、文物古迹和园林风光为一体的风景胜地。

二、历史演变

大明寺始建于南北朝刘宋孝武帝大明年间（457—464年），故以年号命名。其位于扬州西北郊蜀冈之中峰，清李斗在《扬州画舫录》中记载"诸山皆以是寺为郡中八大刹之首"，是我国江南著名古寺院。尤其是唐朝寺中高僧鉴真曾任该寺主持且东渡日本弘法，传为佛门美谈；宋时欧阳修、苏轼先后在寺中分别建平山堂、谷林堂，成为文人登游的佳处；清代康熙、乾隆两帝多次巡幸，辟西园、留墨宝，视为恩荣。因诸端盛事而名扬天下，成为人文与自然相结合的景观。

隋开皇元年（581年），隋文帝杨坚一登帝位，就"普照天下，听任出家，仍令计口出钱，营选经像"，以致"民间佛经多于六经数十百倍"。仁寿元年（601年），隋文帝60寿辰，下诏书令全国30个州建30座佛塔，以供舍利。其中，在扬州大明寺建一座"栖灵塔"。随后于该年六月乙丑日，文帝颁舍利于各州。因栖灵塔的建立，寺以塔而改称"栖灵寺"。时到盛唐，诗人李白、刘长卿、高适、蒋涣、刘禹锡、

白居易等相继游览，留下许多脍炙人口的诗篇，更使栖灵塔名传遐迩，故大明寺仍称为栖灵寺。而据王昶考宋宝祐《扬州府志》云："大明寺为古栖灵寺，在县北五里，以其在隋宫西，故又名'西寺'。"唐会昌三年（843年），栖灵塔遭大火焚毁；五年，武宗诏令毁全国大小寺院四千余所，大明寺也未能幸免，佛教界称之为"会昌法难"。唐末，杨行密占领扬州（901—903年），称"吴王"。据民国15年（1926年）《江都县志·金石考》转引王昶《金石续编》南唐保大七年（949年）四月二十一日所立《大明寺碑》记载："吴祖建寺，选名秤平。""浮图巧妙，地久天长。稜层显焕，峥嵘难量。"

入宋后，战乱不止，兵燹和火灾频频，大明寺与寺塔屡遭破坏。到宋真宗景德元年（1004年），可政禅师化缘集资，复建了七级浮屠，名"多宝"。扬州太守王化基奏报朝廷，宋真宗赐名"普惠"。据《清重修庙记》引《泗州志》云："巫支祈屡为水患，僧伽大圣挂锡泗州，说法禁制，建灵瑞塔，淮泗乃安。"可依此说明禅师建此塔有镇水之意。北宋景德年间之后，历经南宋、元至明初，沿称大明寺。

明代宗景泰年间（1450—1456年），僧人智沧溟夜梦一神人指示说："某有井，井有岁"。经现场勘查，果然是一口古井，内有石碑一方，上有"大明禅寺"字样，古刹遗址被发现。此事一传开，四方香客居士捐资相助，建成法堂、东西两庑、厨房、浴室、仓库等建筑。经智沧溟法师的艰苦努力，不久在平山堂的东侧，恢复了大明寺佛教活动。弘治六年（1493年），在扬州从事盐业的关陕等商人，又联合出资复

建大雄宝殿。期间，智沧溟禅师积劳成疾，后圆寂，其徒大方禅师传承其衣钵。到弘治十八年，新建天王殿五间，而大方禅师亦去世。随后智沧溟的徒孙广胜法师担任住持，于正德二年（1507年）建成伽蓝祖师殿。至此，经智沧溟祖孙三代的艰辛营造，大明寺恢复旧观，庙貌庄严。后在历经正德、嘉靖、隆庆近70年的时间内，寺院活动不定，使寺院年久失修而荒颓。其间，光禄署丞火文津见大明寺荒颓的情况，愿曰："余承先人之业，资其所费，以增山川之盛，不亦乐乎！"于是出资修缮大明寺，并委托专人监工建造。该工程首先重修山门，将原先三孔狭隘的山门拓展宽大；更换腐梁朽柱百余根，扩大殿堂的前檐为轩廊五楹；又在殿堂的左右建钟、鼓二楼，东西围墙开门二座，供登临观览，又方便出入。火文津又觉得其山旷野平伏，又想起欧阳修所建平山堂在其右侧，则复原平山堂。同时，疏浚寺内西园的"天下第五泉"，建井亭作保护。还增建廊房在方丈室之右侧，为僧舍之用。至此，旧者修缮如新，新者建造壮观。僧众为感激火文津的功德，特意宴请叶观撰《重修大明寺记》，刻石碑记其始末，以示纪念。明万历年间（1573—1619年），扬州知府吴秀（平山）重建大明寺。崇祯十二年（1639年），盐漕御史杨仁愿再度兴建。明末，爆发了农民起义，明代政权瓦解。清军南下，大明寺亦未幸免，毁于战火。

清顺治十一年（1654年），扬州人赵有成时常凭吊大明寺遗迹。三年后，赵有成就商相关僧人，邀集郡城中诸多缙绅耆老，谋划复兴大明寺。并延请焦山寺第七十三代住持、曹洞宗二十九世破暗净灯禅师的弟子、曹洞宗三十世受宗旨和尚出任大明寺住持，重新恢复大明寺佛教活动。原寺西侧有不少房屋，赵有成其门楣曰"狮子窟"，为受宗旨和尚方丈室。受宗旨和尚住持寺院后，扩大庙地，开发荒芜未垦之地，修葺殿宇僧舍，升堂讲经说法，四方僧众、居士前来烧香云集，并重新拟立禅规，大明寺再次获得美誉，又成扬州名寺。受宗旨和尚圆寂后，其弟子道弘禅师任住持，以曹洞宗三十一世之正传。道弘法师新建地藏殿、修复山门，并注重日常法务管理及寺庙的制度建设，且严格执行。康熙帝下江南，巡幸扬州，游览大明寺时，曾御书"怡情"亲赐道弘禅师。康熙二十九年六月，道弘禅师将大明寺在册的寺舍、什物、树木、田园、仆畜、粮食等主管权交其弟子、曹洞宗三十二世之正传的丽杲昱禅师，继任方丈，主持大明寺。丽杲昱禅师接任后，募建诸天楼，逐步完善乃师未尽之事，并将以其师道弘复兴大明寺之功。特意先后请赵有成撰《重修栖灵寺并建地藏殿诸天楼碑记》、孔尚任撰《平山道弘禅师修创栖灵寺记》，并刻石立碑，弘扬其业绩，以垂千古。丽杲昱禅师之后，由焦山定慧寺僧、曹洞宗三十三世之正传敏修玉禅师任方丈。康熙四十四年（1705年）南巡，再次临幸大明寺，赐"澄旷"匾。雍正年间（1723—1735年），大明寺年久失修，殿宇日渐荒颓败倾塌，扬州的徽商汪应庚于雍正七年（1729年）重建。雍正帝颁赐"万松月共衣珠朗，正夜风随禅锡鸣"一联。汪应庚重建了前殿、后楼、山门、廊庑、庖湢。寺东建藏经楼、云盖堂、平楼。延请金坛蒋衡书写"淮东第一观"五大字，刻石嵌寺门前左东围墙上。康熙

图 1-4

图 1-5

十五年（1676 年）五月初一日，扬州地震，寺内建筑遭到破坏。汪应庚在乾隆初年重建万佛楼，并在楼后筑厅事三楹，为方丈室。乾隆年间（1736—1795 年），汪应庚、孙立德、秉德于寺西增建文昌阁、洛春堂（图 1-4）。乾隆帝赐"蜀冈慧照"匾及"淮海奇观，别于清净地；江山静对，远契妙明心"一联，并石刻石径、观音像一轴，石刻《心经》塔一轴，"福"字三个。汪应庚祖孙还增建斋堂、香积厨、僧寮、回廊等建筑。又添置钟鱼斧甑、军持应器、禅床香案。丛林规模基本完备，再现昔日扬州名刹的风采。入清，因忌讳"大明"

二字，曾沿用"栖灵寺"。乾隆三十年（1765年），高宗第四次巡游扬州时，御笔题书敕题"法净寺"（图 1-5）。咸丰三年（1853年），法净寺毁于太平军与清军的战火中。同治九年（1870 年），盐运使方浚颐重修。

民国 10 年（1921 年），日本人高洲太助主持两淮稽核所事务时，考证法净寺即是古大明寺，并研究得出唐朝大明寺的大和尚鉴真东渡日本事迹，且为史实立碑，特意请日本东方文化学院院长、文学博士常盘大定撰碑记，常盘大定于次年二月撰成，碑额"山川异域，风月一天"分两行竖排，由江苏省省长、前清举人韩国钧正楷题书；碑文由扬州籍名流、前清举人王景琦正楷书写。高洲太助委托扬州著名石工黄绍华镌刻，于民国 11 年（即日本大正十一年）12 月 6 日立碑法净寺内。民国 20 年（1931 年）9 月 18 日，日本侵略者发动侵华战争，民众自觉抵制日本人在华的一切行为。扬州抗日积极分子获悉法净寺有《古大明寺唐鉴真和尚遗址碑记》，欲上山砸毁。寺僧得知此碑有文化和学术价值，预先埋入土中，先佯言已先期自行销毁，后又将此碑

图 1-4 蜀冈保障河全景（引自《平山堂图志》）
图 1-5 法净寺（引自《南巡盛典》）

挖出立于寺中。民国23年（1934年），国民党中央执行委员会和中央政治会议候补委员王柏龄开始对大明寺进行修缮。不久，抗日战争爆发，计划很难逐一落实。这期间，昌泉禅师主持法净寺，寺宇衰颓，佛像剥蚀，有复兴之志。由于禅师德高望重，感动了游客程祯祥，且鼎力相助。民国33年（1944年）秋，筹集资金，约请工匠，筹备材料，并委托王靖和负责工程，全面修缮寺庙。寺内各殿及平山堂、谷林堂与山门、牌楼、亭台全部去朽留坚，扶正倾危的墙体，翻盖漏雨的屋面，加固房基，油饰梁柱及其他构件，恢复其昔日旧观。大雄宝殿大佛三尊、配佛四尊及海岛观音、天王、六祖圣像、接引佛像，或重新装金，或涂刷丹漆，或施加彩绘，使之焕然一新。于民国36年（1947年），整个工程竣工。江宁王家锦为撰并书《重修法净寺庙宇佛像碑记》，记其事。

1949年新中国成立，各级政府重视宗教政策，积极努力保护、修缮法净寺。1951年，国家经济十分困难，但依然抽调资金，修缮法净寺。1957年8月，法净寺列为江苏省文物保护单位。期间，又挖出《古大明寺唐鉴真和尚遗址碑记》立于寺中。后由于评价不一，复将此碑推倒，成屋前阶石。直至1963年又重新竖立于大雄宝殿西侧。此碑为现今国内发现的考证鉴真史迹最早的记载和物证。

1963年，为纪念唐代大和尚鉴真圆寂1200周年，重整寺庙，修葺一新。在这次纪念盛会上，赵朴初撰稿并书写了《唐鉴真大和尚纪念碑》碑文。参加集会的各阶层人士提议在法净寺建立"鉴真纪念堂"，得到国务院和有关部门的支持和资助，并

将设计任务交梁思成主持设计。1966年，"文化大革命"爆发。相关部门根据周恩来总理的指示，保护大明寺文物古迹。寺庙幸免于难，成为扬州唯一佛像未被捣毁的寺院。1973年，鉴真纪念堂建成。1979年3月，江苏省人民政府拨款对寺庙全面维修，所有佛像重新装金，缘自为"鉴真探亲"作的准备。1980年4月，鉴真坐像自日本回国"探亲"，恢复原"大明寺"之名。4月13日，诸缘具足，鉴真终于回到阔别1200多年的故土。1985年4月，大明寺建藏经楼。该楼是将扬州福缘寺中清初建筑的藏经楼拆卸后，移建于大明寺的。1988年，大明寺住持释瑞祥法在该寺东园择址重建栖灵塔，旋立奠基石。1993年8月27日破土动工，经过两年多的紧张施工，于1995年岁末竣工（图1-6）。随后，相继建成了钟楼、鼓楼、卧佛殿、五观堂等东园建筑群。

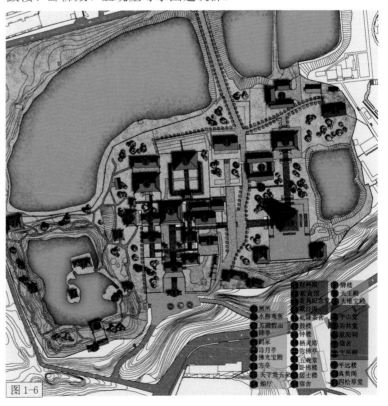

图1-6　大明寺现状鸟瞰图

第二节　寺院建筑

一、历史遗迹

1. 院落布局

蜀冈山体不高，海拔大约 30～40m，大明寺坐落在中峰。从寺院的平面布局来看，通过不同时期的规划建设，已形成三个轴线，以牌楼、山门殿、大雄宝殿等主题建筑布局在一条南北中轴线上，并依山势而建，呈现出由低向高逐渐攀升的格局。它与中国寺院建筑的传统布局相一致，在以大雄宝殿为主体的南北中轴线的西侧，又有平山堂、谷林堂、欧阳祠等建筑，依次构成平行的西路线。在其之西为康乾年间开辟的西园，又名芳圃、御苑。在以大雄宝殿为主体的南北中轴线的东侧，由平远楼、晴空阁、门厅、碑亭、鉴真纪念堂等建筑构成平行的东路线（图1-7），在其之东形成以栖灵塔为中心的东园建筑群，使整个布局仍为对称格局。

2. 主要建筑

（1）牌楼

牌楼（图1-8）位于山门殿之南，四柱三檐，斗栱构架，青瓦红柱，局部彩绘，柱下有四块础石磉基，十分精彩。牌楼上方中篆写"栖灵遗址"，用以表示山寺，即古栖灵塔、古栖灵寺旧址。背面则有"丰乐名区"的字匾，实因此地旧属大仪乡丰乐区，二匾由盐运使姚煜手书。牌楼始建于明朝，由光禄署丞火文津所建，民国4年（1915年）两淮盐运使姚煜重修。两侧石狮原为清代乾隆年间扬州重宁寺的遗物，1961年移置大明寺前。牌楼的东侧石卧碑上刻由秦观之句"淮东第一观"，为清初书法家蒋衡书，西侧卧碑上"天下第五泉"为清代书法家王澍所书。

（2）山门殿

大明寺山门殿与天王殿（图1-9）合二为一，位于牌楼之北，面阔三间，16.5m，

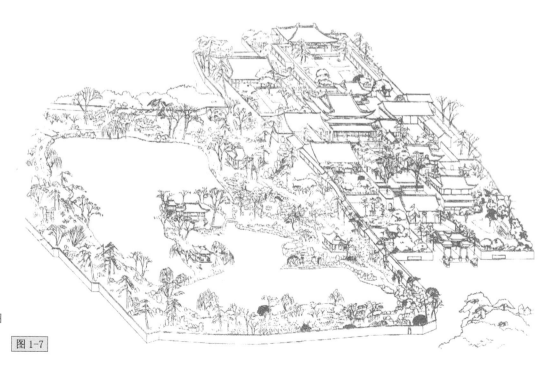

图1-7　古大明寺鸟瞰图（引自《扬州园林》，路秉杰绘）

图1-7

图 1-8

图 1-10

图 1-9

进深 8.3m，单檐硬山，正面开大门三洞，背面居中后门一洞。正门上端嵌集《隋龙藏寺碑》中"大明寺"三字，经拓写、嵌文、上色，由刻工镌刻门额。1980 年 4 月，鉴真大和尚坐像自日本回国"探亲"时，将"法净寺"改为"大明寺"。

（3）大雄宝殿

大雄宝殿（图 1-10）是大明寺最重要的建筑，自山门殿进入后院，沿坡有15 级台阶，拾级而上，即为大雄宝殿的院落。大雄宝殿坐北朝南，面阔 5 间，长18.7m。其中明间 6.1m，次间各 4.4m，边间各 1.9m，总进深 16.2m，前、后檐廊宽 1.9m，全高 16m。屋顶为三重檐歇山顶，小青瓦屋面，漏空亮脊，屋脊高处中间嵌园镜一面，迎面脊中嵌砖刻"风调雨顺"四字，背面嵌砖刻"国泰民安"四字。上中前檐施斗栱，两山墙南半段施斗栱，北半段及后檐施一字形斗栱，前檐配 24 扇格

扇门，后沿墙正中设门供人出入，通过后廊两山墙再设门通入后苑院。

（4）平山堂

平山堂（图 1-11）位于大明寺西侧的"仙人旧馆"内。"仙人旧馆"砖额由星悟禅师所题，旧馆由平山堂、谷林堂、欧阳祠三部分组成。平山堂为敞口厅，单檐硬山屋顶，面阔五间，柱中间距 17.9m。堂前落地长窗，堂后透空雕花落地罩槅，站在堂中可通过玻璃方窗看见谷林堂。前后轩架，进深 9.8m，堂内陈列仿古家具，堂壁有 10 余块石刻，其中有《平山堂记》等。前院为平台，平台尽端有石栏杆，为清时行春台遗址，栏外一片郁郁葱葱。平山堂由欧阳修任扬州知州时建造，初建于宋庆历八年（1048 年），清李斗《扬州画舫录》卷十六有详实记录。咸丰年间毁于战火，现有建筑为同治九年（1870 年）方浚颐重

图 1-11

图 1-8　牌楼
图 1-9　天王殿
图 1-10　大雄宝
图 1-11　平山堂

建。民国4年（1915年），运使姚煜重修。新中国成立后，1951年、1963年、1979年、1997年分别进行了修缮。"平山堂"三字匾由清同治壬申（1872年）孟夏之月定远方浚颐题；"风流宛在"匾为光绪初孟夏两江总督新宁刘坤一题；"坐花戴月"匾由民国18年曾任民国政府委员的马福祥题写；"放开眼界"为光绪戊寅秋日黔南袁伟华书写。

（5）谷林堂

谷林堂（图1-12）位于平山堂之北，由连廊相接，始建于宋元祐七年（1092年），苏东坡为纪念恩师欧阳修而建此堂，取自己诗句"深谷下窈窕，高林合扶疏"句义而名。谷林堂面阔五间，柱间17.9m，七架梁，进深9.3m，硬山屋顶，前檐长窗落地，面南设廊和栏杆。建筑演变同平山堂。堂中悬"谷林堂"三字匾，其书体受扬州著名牙刻家黄汉候集自东坡法帖。现存建筑同治九年（1870年）重建。

（6）欧阳祠

欧阳祠（图1-13）又名欧阳文忠公祠、六一祠，位于谷林堂之北，与平山堂、谷林堂形成一条轴线，为纪念欧阳修知扬州之德政，而在旧城建生祠。岁久祠废，移祠平山堂后，乾隆五十八年（1793年），运使曾燠按内府藏本临摹欧阳修像，刻石嵌于祠堂壁间。咸丰年间，此祠毁于兵火。光绪五年（1879年），两淮盐运使欧阳正墉重建。1953年、1963年两度维修，1974年春进行了大修，1997年又进行了修缮。欧阳祠面阔七间，九架梁，方梁方柱，面阔23.2m，进深13.5m，单檐歇山顶，檐步架落地长窗扇，四周轩架，室内北侧两边设落地罩桶。堂中上悬"六一宗风"匾，

图1-12

图1-13

为欧阳正墉原立。堂中后檐墙西南的墙壁上，嵌有临摹于滁州醉翁亭之清宫内府藏本所刻的欧公石像。像刻、字刻由邗江著名石工朱静斋勒石，刀工精致，石像传神。祠东外墙上嵌有光绪五年岁次已卯小阳月楚南周鹏谨录的苏轼《醉翁操》，《重修平山堂欧阳忠公祠记》，《重浚保障河记》。祠西外墙中间有《重修平山堂欧阳文忠公祠记》。

（7）平远楼

寺院东侧、"文章奥区"内，南侧有一楼，名为平远楼（图1-14）。平远楼原称"平楼"，初建于清雍正十年（1732年），汪应庚《平山揽胜志》卷七、清李斗《扬州画舫录》卷十六均有记载。乾隆二年（1737年）重修，游人宴集，多在此楼。楼于咸丰年间毁于兵火，同治年间，两淮盐运使方浚颐重建，题"平远楼"。光绪、宣统之际，楼已荒废。民国23年（1934年），邑人王柏龄复

图1-12 谷林堂
图1-13 欧阳祠

修。1957年对该楼进行垫正。平远楼坐北朝南，依岗而建，面阔三间，柱距13m，进深10.9m，高三层（面北二层），全高13m，五架梁，歇山重檐顶，一层面南设轩架。一、二层两山墙及北檐砖墙，灰白饰面。一层长窗格扇，二层槛窗横设，三层四周围以槛窗。明间后檐内柱施木屏板，上悬"平远楼"。平远楼前植300年琼花一株。平远楼庭院的东南屋有"印心石屋"石碑一座（图1-15），为清道光十五年（1835年）宣宗旻宁赐。该碑背面有《印心石屋山水全图》、《印心石屋南宴全图》、《奏折》、《跋语》和《勒石平山堂后记》，目前文字已风化漫漶。

（8）晴空阁

晴空阁（图1-16）位于平远楼之北，初建于清康熙十四年（1675年），由知府金长真与舍人汪懋麟同建。晴空阁原址在平山堂后，本名"真赏楼"，取欧阳修"遥知为我留真赏"句意。咸丰年间毁于兵火，今之晴空阁为同治年间重修。阁面北三楹，面阔13.3m，进深5m，单檐歇山，漏空花脊，前中设前厅，中堂置松鼠，葡萄纹楠木落地罩格。阁后有穿廊，西廊檐下悬木鱼、云板，北行尽头为"四松草堂"。

（9）四松草堂

四松草堂（图1-17）现为纪念堂门厅。

门前院落有四棵古松，建筑面南三间，单檐硬山，前后两进，均为方架梁，卷棚屋架，漏空花脊，中开古式大厅，抱鼓石一对分置两侧，天井古松四株，墙面砖细精致，后进东墙壁上嵌有"鉴真大师像回国巡展纪念碑"一方。

（10）西园芳圃

西园芳圃亦称御苑、芳圃，位于平山堂西侧，名西园旧址。初建于清乾隆元年（1736年），咸丰年间（1851—1861年）毁于兵火。同治年间重修，清末曾有增修。

图1-14 平远楼
图1-15 印心石屋
图1-16 晴空阁
图1-17 四松草堂

新中国成立后，1951 年维修大明寺时，同时整理西园。1963 年 4 月，在池中岛屿迁建市区壶园船厅一座，在井亭上复修"坐井观天"之美泉亭。亭旁叠山，上嵌王澍题"天下第五泉"石额；维修康熙碑亭、乾隆碑亭、待月亭；同时收集园内散乱黄石，在康熙碑亭西侧临水处，由扬州叠石世家王老七堆叠大型黄石假山。1979 年 3 月，再于西园水池南岸临水处迁建市区辛园柏木厅，在水池北阜上迁建市区南来观音庵楠木厅，在水池西侧阜上新建方亭一座。同时切除美泉亭通往听石山房（柏木厅）池梗，完善康熙碑亭西侧临水处的黄石大假山，在待月亭东侧叠山筑洞，开辟环园石径。1980 年至今不断提升，西园日臻完善。西园占地数十亩，手法上因势造景，它巧借"四周高、中间低"的锅形地势，层峦叠翠，植物丰富；建筑依山傍水，环水而建，有康熙御碑亭、乾隆御碑亭、第五泉、待月亭、芳圃假山、鹤冢、听石山房、船厅、天下第五泉、美泉亭等名胜古迹（图 1-18 ～图 1-29）。

图 1-20

图 1-21

图 1-22

图 1-23

图 1-18

图 1-19

图 1-18　康熙御碑亭
图 1-19　乾隆御碑亭
图 1-20　第五泉（大明寺提供）
图 1-21　待月亭
图 1-22　芳圃假山
图 1-23　鹤冢

图 1-24

图 1-28

图 1-25

图 1-29

图 1-26

二、近代建筑

1. 纪念堂碑亭

出四松草堂北行即为碑亭（图 1-30），长方歇山亭。碑亭中卧一方仿唐朝风格的汉白玉碑，高 1.25m，宽 3m，下设莲花须弥座。1961 年梁思成先生在扬州期间手绘设计，正面横刻郭沫若手书"唐鉴真大和尚纪念碑"9 个大字。背面镌刻赵朴初于 1963 年为纪念鉴真大和尚圆寂 1200 周年撰写的长篇竖写碑文。

图 1-27

图 1-30

图 1-24　听石山房
图 1-25　船厅
图 1-26　天下第五泉
图 1-27　美泉亭
图 1-28　四方亭
图 1-29　楠木厅
图 1-30　碑亭

2. 纪念堂

纪念堂（图 1-31）位于碑亭之北，由甬道和东西回廊围合为院落，总占地 2540m²。殿前庭院中，有长明石灯笼一幢，是 1980 年日本唐招提寺八十一世长老森本孝顺所赠。纪念堂建在台基上，面积 537m²，檐高 5.24m，面阔五间，进深三间，单檐庑殿屋面，屋顶正脊东西两端饰有鸱尾，屋面坡度平缓，莲花纹瓦面，出檐深 3.3m，柱头有斗栱三重，窗户按唐代植椶窗制式，由梁思成主持设计。

东园的建筑主要有栖灵塔，钟、鼓楼，卧佛殿及藏经楼。

3. 栖灵塔

栖灵塔（图 1-32）始建于隋仁寿元年（601 年），唐会昌三年（843 年）毁灭。现有宝塔为 1993 年 8 月 27 日开工，采用钢筋混凝土和木结构结合建造，建筑风格为仿唐。塔身方形，底层平面为 22m×22m，建筑总面积 1865m²，塔下设地宫。共九层，全高 73m，各层不一，一层 8.1m，二层 7.15m，三层 6.55m，四层 6.45m，五层 6.35m，六层 6.25m，七层 6.15m，八层 6.05m，九层 7.4m，塔尖 8.55m。台基、栏杆为花岗岩麻石，屋面为"五样"灰色琉璃简瓦，楼地面为清水磨砖，外檐斗栱参照五台山佛光寺和南禅寺的做法。栖灵塔于 1995 年岁末落成。

4. 卧佛殿

卧佛殿（图 1-33）位于栖灵塔北侧，单檐歇山顶，四周回廊。台基阔 24.9m，进深 16.8m。正殿面阔五间，中 4.5m，左右各两间 3.6m，进深三间，每间深 3.6m，建筑面积为 324m²，建筑全高

图 1-31

图 1-32

图 1-33

12m，钢筋混凝土结构，木构装修，小瓦屋面，为明清风格。

5. 钟、鼓楼

钟、鼓楼（图 1-34，图 1-35）位于栖灵塔南两侧，左钟、右鼓，四周歇山式建筑二层，总高四面三间，面阔 8.6m×8.6m，外廊 5m，总高 12m，为仿唐风格，其彩色、构架与栖灵塔相同。

6. 藏经楼

藏经楼（图 1-36）位于纪念堂的东侧。大明寺旧有藏经楼，早毁。现有的是 1985 年将扬州福缘寿中残有的藏经楼迁建而成。藏经楼二层五间，九架梁，单檐硬山，前

图 1-31　纪念堂
图 1-32　栖灵塔
图 1-33　卧佛殿

图 1-34

图 1-35

图 1-36

有走廊，轩敞疏朗，大厅内顶棚作藻井状，每一个方格中彩绘盘龙图案，小瓦屋面，漏空花脊，屋脊上嵌有"法轮常转"四字，背面"国泰民安"四字。底楼中槛八扇格扇厅，边槛六扇，二楼为藏经处，载有诸多佛教典籍。

通过数年的规划建设，大明寺已形成古寺建筑群、平山堂建筑群、平远楼建筑群、西园园林建筑群、鉴真纪念堂建筑群及东园建筑群（图 1-37）。

第三节　大雄宝殿形制概述

一、平面形制

现存大殿为同治年间所建，面阔五间，柱中距 18.7m，其中间为 6.1m，次间为 4.4m，边间为 1.9m，进深三间，柱中距 16.2m，前后廊各 1.9m，是在不同时期增建，与扬州地区现存的清代大殿的尺度相当（图 1-38）。

二、立面特征

该殿屋面为三重檐歇山顶，施蝴蝶瓦屋面，漏空花脊，檐下悬挂"大雄宝殿"横匾，显得庄严雄伟，十分气派。屋脊高处嵌园镜一面，正面嵌砖雕"风调雨顺"四字，背面"国泰民安"四字。垂脊、戗脊泥塑走兽，正面上、中檐施斗栱，两山及后檐为清水砖墙砌筑（图 1-39）。

三、大木构架

按照法式，是大式和小式作法相结合。其构架有如下两个特征：

其一，就斗栱而言，该项目前檐上、中檐及山面前端施斗栱外，后檐上、中檐及两山后半端施"一"斗栱。其构桁、枋、椽、出椽尺度均相当。从构件的受力传递方式不一的情况下，结构无异常变形，传统木构件中仍少见（图 1-40）。

其二，上檐老角梁根部，并未与柱类构件交合，而压在两桁交叉点之下，使其三构件共同受力承载作用，仍是孤例（图 1-41）。

其他构件的连接与江南木构架做法相同，具有浓厚的扬州地方风格。

图 1-34　钟楼
图 1-35　鼓楼
图 1-36　藏经楼

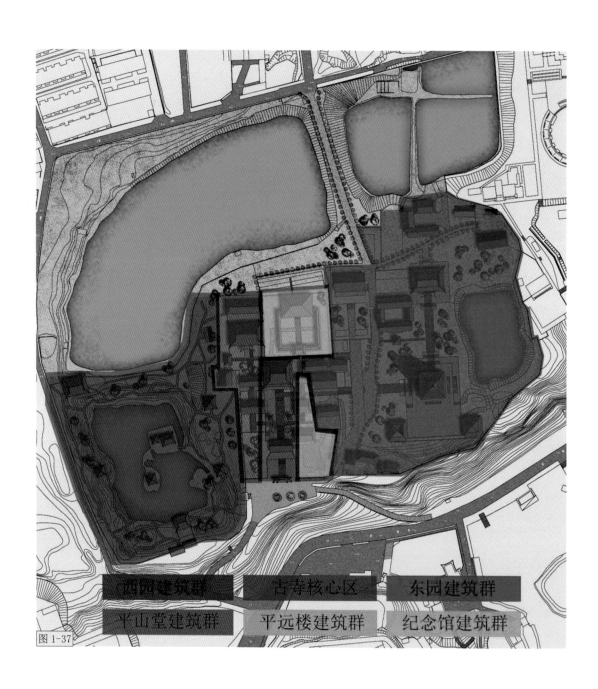

西园建筑群　　　古寺核心区　　　东园建筑群

平山堂建筑群　　　平远楼建筑群　　　纪念馆建筑群

图 1-37

图 1-37　大明寺区域
分析图

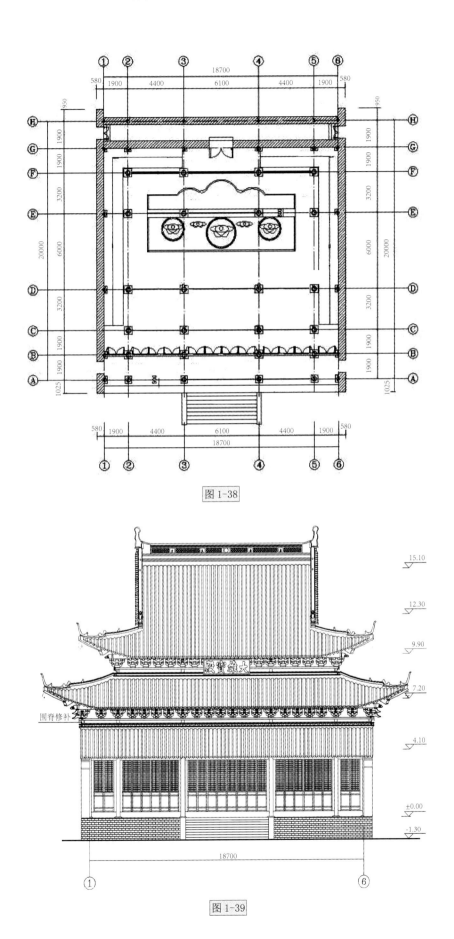

图 1-38

图 1-39

图 1-38　大殿平面图
图 1-39　大殿立面图

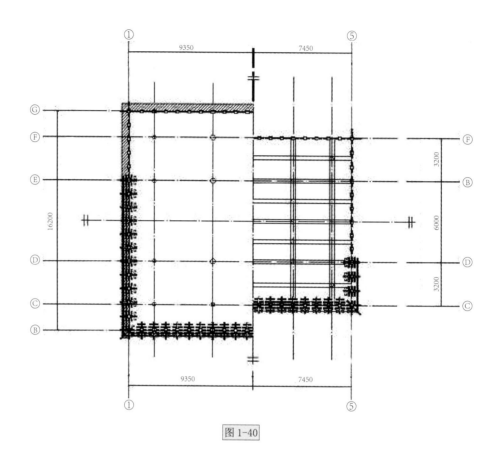

图 1-40

图 1-41

图 1-40　斗栱辅作图
图 1-41　上檐戗角合力图

第二章 大雄宝殿勘察与设计

第二章 大雄宝殿勘察与设计

第一节 工程勘察设计报告

一、扬州大明寺创建年代与历史沿革

大明寺是一处自然山水与历史文物相结合的名胜古迹，坐落于扬州城北蜀冈之上（图2-1），占地500亩（图2-2），背山面水，古木参天，郁郁葱葱，绿草茵茵，殿宇嵯峨，气势雄伟。它既是一座中外驰

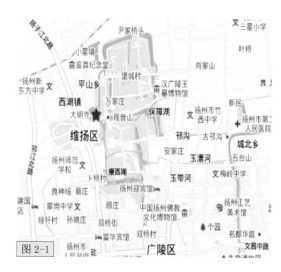
图 2-1

图 2-2

图 2-1　扬州大明寺地理位置
图 2-2　清乾隆时的平山堂西园及法净寺、平远楼（引自《江南理景艺术》，潘谷西编）

图 2-3

图 2-4

图 2-5

名的千年古刹（图 2-3），又是一处环境优美的自然景观，同时更具有丰富而独特的人文环境。1957 年江苏省人民政府公布其为江苏省级文物保护单位，2006 年中华人民共和国国务院公布其为全国重点文物保护单位。

大明寺始建于刘宋孝武帝大明年间（457—464 年）。隋仁寿元年（601 年），笃信佛教的隋文帝杨坚 60 寿辰时，下诏在全国 30 个州建造 30 座佛塔，分别供奉佛舍利，其中一座建立在大明寺内。于是在大明寺内建栖灵塔，塔高九层，大明寺亦因之一度改称为"栖灵寺"（图 2-4）。

清康熙、乾隆二帝多次南巡扬州，寺庙不断增建，规模逐步宏大。因忌讳"大明"二字，在其后 200 年间，一直称为法净寺。

咸丰三年（1853 年），太平军占领扬州，法净寺毁于战火之中。

同治九年（1870 年），重建法净寺。

民国 4 年（1915 年），法净寺山门颓圮，殿宇失修。主持皎然募集资金，运使姚煜重葺并复建天王殿，如图 2-5、图 2-6 所示。

民国 33 年（1944 年）秋，昌泉法师和程祯祥募集资金，召集工匠，全面修葺法净寺，民国 36 年（1947 年）告竣。

新中国成立后，1951 年，在国家经济

图 2-6

图 2-3　法净寺（引自《扬州画舫录》）
图 2-4　千年古刹大明寺
图 2-5　20 世纪 30 年代法净寺大门（王虹军摄）
图 2-6　20 世纪 30 年代鉴真遗址碑文（王虹军摄）

尚未得到发展的情况下，依然抽调资金，修建法净寺。1957 年 8 月，法净寺列为江苏省文物保护单位。

1963 年，为唐代大和尚鉴真圆寂 1200 周年，为迎接纪念盛会的召开，重整寺庙，修葺一新。

1966 年，"文化大革命"爆发，"红卫兵"以破四旧为名，要砸烂寺庙佛像。中央有关单位根据周恩来总理的指示，指令扬州地方政府要坚决保护大明寺文物古迹，寺庙幸免于难，成为扬州唯一佛像未被捣毁的寺庙。

1979 年 3 月，江苏省人民政府拨款对寺庙全面维修，所有佛像重新装金。这次全面维修，缘自为"鉴真探亲"作的准备。1980 年 4 月，鉴真坐像自日本回国"探亲"时，恢复"大明寺"之名。

经扬发改许发 2009（447）文件批准立项，对大雄宝殿、山门殿修缮及其院落环境整修。经征求文物主管部门的意见，同意由北京兴中兴建筑设计事务所与扬州意匠轩园林古建筑营造有限公司共同承担此项工作（图 2-7 ～图 2-14）。

图 2-9

图 2-10

图 2-7

图 2-11

图 2-8

图 2-7　建筑测绘工作小组开工
图 2-8　室内测绘
图 2-9　室外测绘
图 2-10　扬州大学教授现场进行变形测量
图 2-11　细部测量

图 2-12

图 2-13

图 2-14

千年古刹仍保持着昔日的建筑格局，其主要建筑风格仍保留有同治年间扬州地方特色。在寺院长期的使用工程中，大雄宝殿出现构件变形，天王殿出现木构件倾斜，殿宇木柱出现白蚁侵蚀，屋面漏雨，

砖瓦酥碱，风化等不同程度的险情，这些险情造成殿宇在使用过程存在一定的安全隐患。基于上述情况，建议尽快采取相应的修缮保护措施，赢取时间早日实施维修，确保其转危为安，永存于世。

二、工程创建年代与管理情况

大雄宝殿是大明寺内的主殿，位居中轴线牌楼、山门殿之后，坐北朝南，雄伟壮观，具有较高的历史、艺术和科学价值，是清同治年间的扬州杰作。

（一）创建年代

根据《大明寺志》记载，清文宗咸丰 3 年（1853 年）太平军占领扬州，法净寺毁于战火中。清穆宗同治 9 年（1870 年），法净寺重建。民国 4 年（1915 年），法净寺山门颓圮，殿宇失修，住持皎然复募，运使姚煜重葺，并复建天王殿，均有碑文记载。

（二）管理及修缮情况

1944 年，昌泉法师与程祯祥募资，由王靖和负责重修庙宇和佛像的工程。民国 36 年（1947 年），重修法净寺庙宇佛像告竣。

新中国成立后，人民政府重视贯彻执行宗教政策，努力保护、修缮法净寺。1951 年，在国家经济处于特别困难的情况下，依然抽调资金，修建法净寺。据当时参加修缮的人员许炳炎先生介绍，修缮内容为：屋面检修、门窗及内构件油漆。1957 年 8 月，法净寺列为江苏省文物保护单位。

1963 年，为唐代大和尚鉴真圆寂 1200 周年。为迎接纪念盛会的召开，决定重整寺庙，修葺一新。据当时负责修缮的许炳

图 2-12　现场勘查
图 2-13　专业技术人员研讨会
图 2-14　历次维修专家咨询会

炎先生介绍，当时主要修缮内容有：①结构加固，主要对明间两侧木柱加枋，同时承椽枋也进行了加固；②揭顶修缮；③对殿宇整体外观进行修饰。

1979年3月，为欢迎鉴真大师像回乡举行巡展活动，江苏省人民政府拨款对寺庙全面整修，进行现状保护使其益寿延年。据当时修缮负责人朱懋伟先生介绍，由于经费原因，当时并未对殿宇进行垡正。天王殿增开两个门洞；将"法净寺"匾额换成"大明寺"三字；揭顶修缮，更换腐朽构件；对整体外观进行修饰，但当时的许多做法与传统风格不符（图2-15）。

图 2-15

近年来，屋檐变形严重、屋面漏雨、部分构件朽损等现象不断加剧，已影响正常使用，经专家确认，定为抢救性工程。天王殿、大雄宝殿的修缮又成为各级领导和社会各界十分关注的大事，修缮工作迫在眉睫不容推迟。测绘、分析、修缮设计工作正是在这样的前提下开展起来的。

图2-15 1979年修缮简况（引自《江苏园林》第一期）

图2-16 大雄宝殿南立面

图2-17 大雄宝殿内部构（一）

三、大明寺本次修缮工程为大雄宝殿、天王殿的本体以及院内环境整治（围墙、地面、绿化），以下分别记述

（一）大雄宝殿

大雄宝殿建筑构造：面阔5间，长度为18.7m，进深5间，长度为16.2m（柱中线尺寸）。屋顶为重檐歇山顶，建筑面积为443㎡（图2-16）。根据历史记载，现存大雄宝殿始建于同治年间（1870年），南北两面有披廊，披廊木构架用料较大。建筑受力体系为传统木构架承重（图2-17，图2-18），东（图2-19）、西（图2-20）、北（图2-21）砖墙围合，前檐为

图2-16

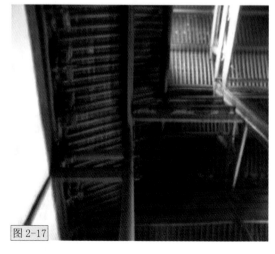

图2-17

图 2-18

图 2-19

图 2-20

图 2-21

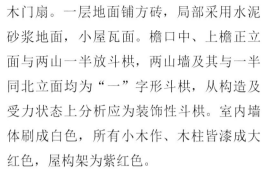

木门扇。一层地面铺方砖，局部采用水泥砂浆地面，小屋瓦面。檐口中、上檐正立面与两山一半放斗栱，两山墙及其与一半同北立面均为"一"字形斗栱，从构造及受力状态上分析应为装饰性斗栱。室内墙体刷成白色，所有小木作、木柱皆漆成大红色，屋构架为紫红色。

现状破损及主要问题：距离上一次维修已30年。通过测量，外观墙体未发现异常情况，除西北角柱水平线同比低5.5cm，前后檐口枋、檐口变形外，地基与木构架基本完好。主要存在以下问题：①北檐角柱按水平低5.5cm；②东、西、北室外地面高于大殿地面，地面有返潮现象，尤其靠墙面下部潮湿比较严重；③室内方砖施工质量较差，表面不平，还有水泥地面，与传统风貌不符合；④廊桁、廊枋、梓桁断面偏小，檐口变形严重；⑤歇山山花板、封檐板损坏严重。屋脊损坏严重，屋面漏雨，望砖酥碱，屋面石灰有时会掉落在地上；⑥墙体抹灰大面积剥落，佛座做法与传统风格不符；⑦油漆剥落，木构架油漆存在开裂、剥落现象；⑧电器设备老化，电灯开关、电箱皆较陈旧，线路复杂，从木构架上铺设存在一定安全隐患。如图2-22～图2-41所示。

图 2-22

图 2-18　大雄宝殿内部构架（二）
图 2-19　大雄宝殿东立面
图 2-20　大雄宝殿西立面
图 2-21　大雄宝殿北立面
图 2-22　大殿柱根情况

图 2-23

图 2-27

图 2-24

图 2-28

图 2-25

图 2-29

图 2-26

图 2-23　大殿地面情况
图 2-24　大殿的柱根
图 2-25　大殿屋檐（一）
图 2-26　大殿屋檐（二）
图 2-27　大殿屋面
图 2-28　大殿北出入口
图 2-29　大殿内柱

图 2-30

图 2-34

图 2-31

图 2-32

图 2-35

图 2-36

图 2-33

图 2-37

图 2-30　大殿内佛坛
图 2-31　大殿外檐变形
情况
图 2-32　大雄宝殿屋脊
图 2-33　大殿的内墙
图 2-34　大殿歇山情况
图 2-35　大雄宝殿戗背
图 2-36　大殿佛坛
图 2-37　大殿内电路

图 2-38

图 2-39

图 2-40

图 2-41

（二）天王殿

天王殿面阔三间，长 17.30m，宽 9.10m，建筑面积 158.30m²，屋顶为单檐硬山顶。单体大木构架为扬州民居风格。木构架承重，砖墙围合，墙厚 410mm，外墙均为灰浆粉刷。地面方砖，其中 1/3 为水泥地面，室内墙面刷白色，外墙南立面为黄色，其余均为白色。根据历史记载为民国 4 年（1915 年）复建（图 2-42～图 2-53）。

现状残损及主要问题：距离上一次维修已有 30 年之久。由于经费问题，上次修缮并未进行牮正，仅对南立面拆除重砌，并增开二门洞，后墙增加两个八角形窗洞。考虑游客的增多，后来又扩大北门洞口。现状木构架向南倾斜 10 cm 左右，根据现场

图 2-42

图 2-43

图 2-38　大殿内歇山木构件
图 2-39　大殿内照壁
图 2-40　大殿内电器设施
图 2-41　大殿内电源
图 2-42　天王殿南立面
图 2-43　天王殿西立面

观察，地基稳定，木构架基本完好，但存在如下问题：①构架整体倾斜；②北沿墙不正且有损坏；③内墙抹灰大面积剥落；④油漆剥落；⑤木柱局部虫蛀；⑥室内方砖高低不平，且还有水泥地坪；⑦屋面漏水，望砖轻酥碱，屋脊损失严重；⑧电器设备老化，线路复杂，存在一定的安全隐患。

图 2-47

图 2-44

图 2-48

图 2-45

图 2-49

图 2-46

图 2-50

图 2-44 天王殿北立面（一）
图 2-45 天王殿北立面（二）
图 2-46 天王殿山面构件
图 2-47 天王殿内部构架
图 2-48 天王殿山墙
图 2-49 天王殿柱根（一）
图 2-50 天王殿柱根（二）

图 2-51

图 2-52

图 2-53

（三）院落结构

现有的院落结构：牌楼、天王殿、大雄宝殿在一条南北中轴线上，依山势呈现由低向高逐渐攀升的格局，天王殿、大雄宝殿是大明寺寺院最古老的两座建筑，与中国寺院建筑的传统布局相一致（图2-54，图2-55）。

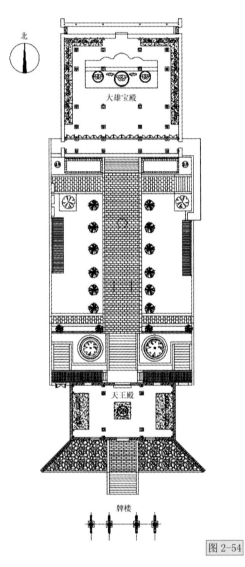

图 2-54

图 2-51　天王殿瓷砖
图 2-52　天王殿墙面
图 2-53　天王殿电路
图 2-54　大明寺大雄宝殿、天王殿平面图
图 2-55　大明寺大雄宝殿、天王殿剖面图

图 2-55

现状破损及主要问题：

入口处的八字墙及所有围墙做法与传统风格不符，且景窗为水泥预制（图2-56～图2-57）；

花坛与寺院风貌不符，部分地面破坏严重，做工粗劣，不符合整体风貌（图2-58）；

树木种类繁多，院落空间得不到合理利用，影响游客游览，同时也对佛事活动的进行造成影响（图2-59～图2-60）；

环境卫生设施布置不佳，影响整体景观效果（图2-61）；

防火、防雷设施应按有关规范完善。

图2-59

图2-60

图2-56

图2-57

图2-58

图2-61

四、勘察结论与残损状况等级鉴定

通过以上论述，我们在本次的勘察工作过程中已对大雄宝殿、天王殿以及院落环境的残损情况做了一次较为细致的勘察。

图2-56　八字墙
图2-57　围墙
图2-58　花坛
图2-59　室外地面铺装
图2-60　室外绿化
图2-61　院落环境

对大雄宝殿、天王殿的地基、木构架、屋盖瓦顶、墙体装饰及其附属部位所存在的多种残损状况有了一个全面系统的认识。同时由于部分檐柱处于隐蔽状态，隐患的因素尚未确定，但从肉眼和墙体的外观变形情况来看，不少墙柱被白蚁侵害情况较为严重，待维修过程中进一步考察。从对大雄宝殿、天王殿构件的残损范围、残损程度、残损数量及其相互关系进行的现场考察和综合分析来看，我们认为建筑的损坏情况和结构的可靠性状况可以简要地归纳为以下几点：

大雄宝殿木构架的整体结构完好，但前后檐口的变形情况严重，会引发广泛的连锁损坏现象。

天王殿木构架倾斜，北檐墙向内倾斜，主要是受很久以前山坡下滑影响而产生不均匀下沉。

殿宇屋面漏雨严重，已经影响正常使用，屋脊与脊兽损坏、缺失较多，影响建筑整体外观。

地面凹凸不平，部分地面是水泥修补；佛坛为后人新做，与传统做法不符。

电器设备老化，线路紊乱，存在一定的安全隐患。

大雄宝殿的东、西、北室外地面高于大殿室内地面，墙体下部受潮比较严重。

殿宇受虫害较严重，不彻底根治会影响结构安全。

外观环境与传统风格不符，影响景观效果。

基于上述原因，根据《古建筑木结构维护与加固技术规范》（GB 50165—1992）第 4.14 条古建筑的可靠性判定类型为 II 类建筑，属于重点维修工程；根据《文物保护工程施工管理办法》（2003 年）第五条分类属于修缮工程。考虑其建筑物的局部变形会影响使用的安全，以及屋面漏雨不能正常使用的影响，建议尽快采取相应的修缮保护措施，借以赢取时间早日实施维修，确保其转危为安，永存于世。

第二节　大雄宝殿、天王殿修缮设计说明书

一、历史沿革

大明寺位于扬州城西北蜀冈中峰，始建于南北朝宋孝武帝大明年间（457—464 年），故称大明寺。隋仁寿元年（601 年）大明寺内建栖灵塔，塔高九层，大明寺亦因之一度改称为"栖灵寺"。入清，因忌讳"大明"二字，在其后 200 年间，一直称为法净寺。清咸丰年间（1853 年），法净寺毁于战火之中。现存建筑大雄宝殿为同治九年（1870 年）复建；天王殿为民国 4 年（1915 年）修建。1980 年 4 月，为迎接鉴真大师坐像自日本回国"探亲"这一盛举，将"法净寺"恢复原名"大明寺"。1957 年公布为江苏省文物保护单位，2006 年被公布为全国重点文物保护单位。大明寺曾在民国 4 年（1915 年），民国 23 年（1934 年）进行过修缮，并有碑文记载。新中国成立后，陆续进行过维修。1979 年迎接鉴真坐像回乡"探亲"活动期间进行了两次规模较大的维修。

千年古刹仍保持着昔日的建筑格局，其建筑风格主要保留有同治年间的扬州地方做法与风格。在寺院长期的使用过程中，

大雄宝殿出现了构件变形，天王殿木构架倾斜，殿宇木柱出现白蚁侵蚀蛀，屋面漏雨，砖瓦酥碱、风化等不同程度的险情。受业主委托，针对以上现象做出合理的修缮方案。

二、价值认定

大明寺是扬州市现存历史最早的寺庙，保留有较多的历史信息，也是全国重点寺庙。梁思成先生曾亲临现场，对大殿木构架的精秀予以较高的评价。大明寺作为扬州地区重要的佛教场所，具有佛教传承的功能，是鉴真大和尚生前行化的所居故址，它承载着扬州人民的历史回忆和宗教寄托，发挥着独特的社会效益。大明寺既有悠久的历史价值，同时也存在较高的社会价值。

三、工程范围

本设计方案范围包括：大雄宝殿、天王殿修缮以及院落结构的整治。

四、设计依据

本次修缮保护工程实施方案的主要设计依据为：《中华人民共和国文物保护法》（2002 年）、文化部《文物保护工程管理办法》（2003 年）、《中华人民共和国古建筑木结构维护与加固技术规范》（GB 50165—1992）、《古建筑修缮过程质量检验评定标准》（南方地区）。

五、修缮设计的目标

1. 保护和修缮大雄宝殿、天王殿此类文物建筑，应忠实地保存和继承其清同治年间以及民国年间所特有的结构特征、建筑风格、历史信息及其文化底蕴。

2. 保护和整治院落及周边环境，忠实地保存和传承其清同治年间特有的建筑布局特点和院落景色。

3. 综合治理，标本兼顾，全面修缮，立足于彻底排除存在于建筑内的多类残损险情与结构隐患。

六、修缮设计的基本原则

1. 所有工程技术措施遵守《中华人民共和国文物保护法》关于"不改变文物原状"的原则，最大限度地保留和使用原有构件也是本设计的基本工作目标。

2. 所有工程技术措施遵守真实性原则，严格考证，有据可依，尽可能根据历史资料及各种相关的遗存、遗物复原。

3. 坚持"三原"的原则，保护其文物构建的建筑风格和建筑特色，除设计中为了更好地保护文物建筑的安全而利用的修补、加固材料外，其他所有维修更换的材料均坚持原材料、原形制、原工艺。

4. 可识别原则。在环境风貌协调一致的前提下，对新换构件进行标识，体现真实性、可识别性原则。

5. 安全与有效原则。由于大明寺游客量较大，应满足结构要求、安全疏散要求、消防要求、避雷要求等。

七、修缮设计要求

1. 本次修缮以揭瓦不落架的手法对木构架进行牮正与加固，由于局部隐蔽及相关部件尚未彻底看清楚，在脚手架搭好后，应对建筑进行全面的复勘，进一步勘察建筑破损情况，尽量保留原构架。根据损坏情况采用环氧树脂、考虑碳素纤维材料或铁件等加固。观测木柱糟朽及虫蛀情况，根据《古建筑木结构维护与加固技术规范》（GB 50165—1992）进行墩接、灌注、拼绑或更换。

2．选用优质同类材料。木柱含水率不得超过20%，板类不得超过15%，油漆使用传统材料及工艺，应使用桐油和国漆。

3．拆除屋顶时要详细注意屋脊的构造情况、样式，并注意要拍灰塑品照片。按照原材料、原规格、原材质添配构件。

4．采用传统粘结材料及粉刷材料，新材料及新工艺必须要充分论证其可靠性。

5．地面按原材料、原规格、原材质添配，工艺及基层处理采用传统做法。

6．施工过程中应有完整的施工记录、照片、录像资料，对修缮变更之处进行档案记录。

八、修缮设计内容

1．大雄宝殿（表2-1）

表2-1

序号	部位	现状	修缮内容	备注
1	屋面	屋面漏水、檐口变形，望砖酥碱，屋脊损坏、缺失	揭顶修缮 ——使用做细望砖，更换屋面原有的望砖，尺寸按现状大小复制 ——增加SBS防水层、自粘网一层 ——拆除旧瓦，定制原规格的新瓦，挑质量好的用于山门殿及围墙，屋脊、脊兽按原样新做	
2	大木构架	前后檐廊桁、廊枋、梓桁直径偏小，廊枋变形，承椽枋组合断面不能共同工作而变形，椽口椽子腐朽，仔角梁腐朽，后檐西角柱下沉5.5cm	——揭瓦后复核测量变形情况，打牮拨正，更换腐朽椽、里口木、瓦口板、勒望木。勘察埋墙柱的损朽情况，剔除损朽部分，根据情况进行修补、墩接，并对埋墙柱和与屋面相接触物件进行防腐处理 ——廊桁、梓桁加固，梓桁上口采用材料补齐，下口或中部增加支撑点 ——廊枋、承椽枋使用环氧树脂、碳纤维布和铁件加固 ——仔角梁更换 ——后檐西角柱下沉5.5cm，因其处于隐蔽位置无法查勘，待修缮时进一步查清，确定方案	

续表

序号	部位	现状	修缮内容	备注
3	墙体	粉刷粗糙、空鼓、脱落，佛座上使用现代瓷砖铺贴，装饰板做法与传统风格不符	——墙下脚部位做防水处理，内墙粉刷按传统方法新做，后檐墙恢复原清水墙 ——景窗做法采用砖细做法 ——佛台按传统风格新做，原结构不动	
4	地面	方砖不平，粗糙，部位为水泥地面	——采用传统做法，按原规格方砖新铺	
5	小木与油饰	后檐东门损坏严重，且东、西门不对称，木构件油漆起皮、脱落；山花板、封檐板损坏严重	——东、西门按传统做法换新 ——山花板、封檐板新做 ——按传统方法重新做油漆，颜色与现状相同	
6	防潮	建筑东、西、北室外地面均高于大殿室内地面	——大殿的东、西、北面做低于室内地面的防水排水沟	

2. 天王殿（表2-2）

表2-2

序号	部位	现状	修缮内容	备注
1	屋面	屋面漏水，望砖酥碱，脊兽缺失，屋脊损坏	揭顶修缮 ——使用做细望砖更换原有望砖，尺寸按现状大小不变 ——屋面加SBS防水层、自粘网一层 ——拆除旧瓦屋面，把所有拆除下来的旧瓦新盖，按照原工艺旧料复原做正、垂脊、脊兽和垂兽	
2	大木构架	柱墩按构架拨正	——屋顶及维护结构拆除后测量变形进行打牮拨正，勘测埋墙柱的损朽情况，剔除损朽部分。根据情况进行修补、墩接，并对埋墙柱与屋面相接触物件进行防腐处理，更换损朽构件	

续表

序号	部位	现状	修缮内容	备注
3	墙体	风格不符，墙体倾斜，粉刷脱落	——门额边框新做砖细，门洞新增券脸 ——南立面檐口改砖细挂枋，下口加砖细墙裙 ——北立面拆除新砌，檐口改砖细挂枋 ——东、西立面新做挂枋 ——内外墙重新粉刷，外墙刷防水涂料，内墙刷白漆两度 ——原踢脚线改为砖细踢脚线 ——外墙下脚部位需做防水处理	
4	石作	门洞门槛用料不一	——按原料统一	
5	地面	室内方砖铺贴表面不平、粗糙，部分为水泥地面	——按原规格新做	
6	小木及油饰	北立面窗为六角形，木构件油漆起皮、脱落	——改为圆形，按佛教常规做法 ——按传统方法重新做油漆，颜色与现状相同	

3．环境整治与院落利用

按照传统做法，对八字墙及相连的围墙进行顶部花窗砖细、墙裙按传统风格新做。

整理院内植物，提升环境质量。

天王殿两侧围墙，门洞增做砖细券脸，更换旧门。

天王殿后的室外铺装重新铺设，大殿前两花坛拆除，天王殿后两花坛拆除新做。

处理好殿宇间的排水系统。

4．专项保护工程

消防设施。建筑物内不宜放置消防栓，采用原有室外的消防栓，数量适当增加。消防用水应并入消防管网系统，需进行专项设计。

排水系统。改造院内的排水系统，因地形标高复杂，需与建筑防潮相结合，进行专项设计。

电力设施。建筑物内照明采用高效荧光灯，灯具安装应考虑建筑的防火安全。电线原为露明布线方式，现改为穿铜管贴墙角出梁下走线。铜管的颜色应与木构件相当，增加吊扇设施，采取消震措施，减少对建筑的震动。

防雷措施。本建筑群根据国家防雷设计规范专项设计。

防虫防腐。易受潮腐朽或遭虫蛀的构

件由白蚁防治所做防腐处理，应采用当代最新无毒式或毒性较小的药剂，不得使用对人畜有害、污染环境的药剂。分三个阶段：a. 地坪拆除后，在原下卧层上喷洒药液；b. 木构架整修完毕后对其构架进行喷洒药剂防治；c. 油漆工程施工前对所有木构架、木装修进行白蚁防治。

佛像保护。揭顶前需采用封闭保护，顶部需做防水处理。

九、设计概算

内容略，总价 517.03 万元。

第三节　测绘图纸

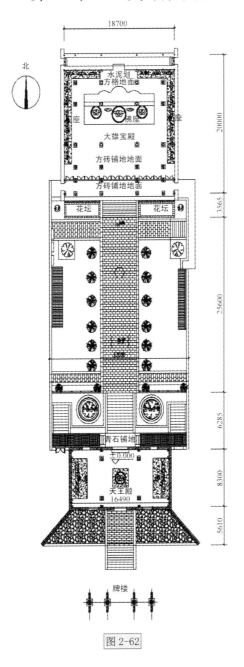

图 2-62

测绘图纸一
图 2-62 中轴线平面图

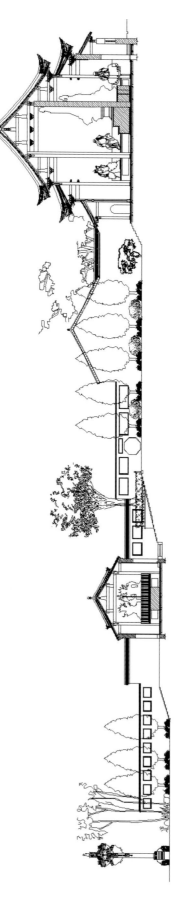

图 2-63

测绘图纸二
图 2-63 中轴线剖面图

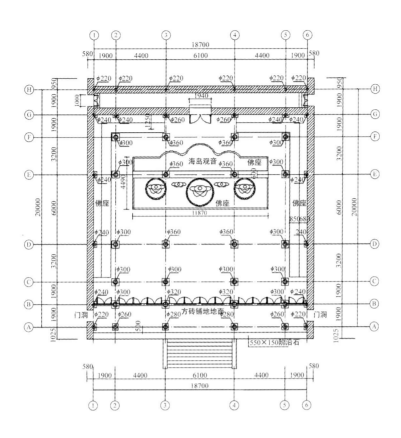

图 2-64

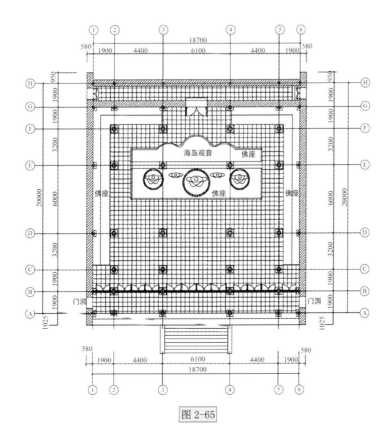

图 2-65

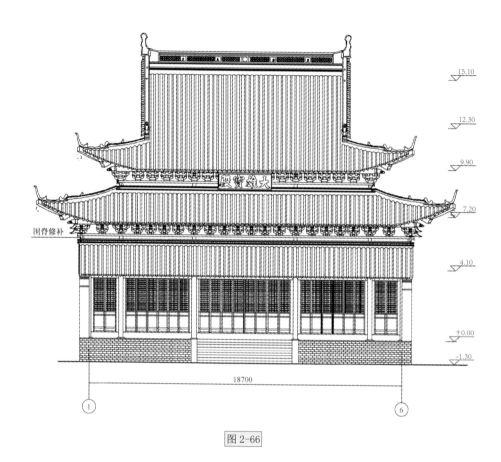

15.10

12.30

9.90

7.20

固脊修补

4.10

±0.00

-1.30

18700

① ⑥

图 2-66

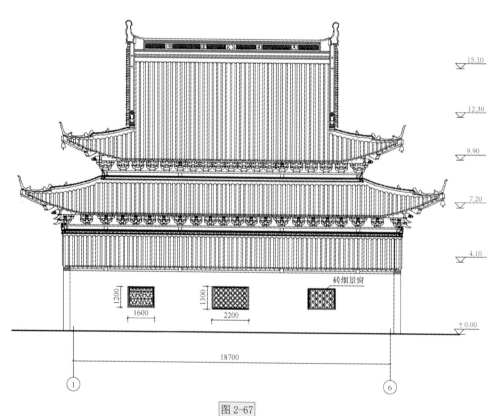

15.10

12.30

9.90

7.20

4.10

1200
1600

1300
2200

砖细景窗

±0.00

18700

① ⑥

测绘图纸四
图 2-66 大雄宝殿南立面图
图 2-67 大雄宝殿北立面图

图 2-67

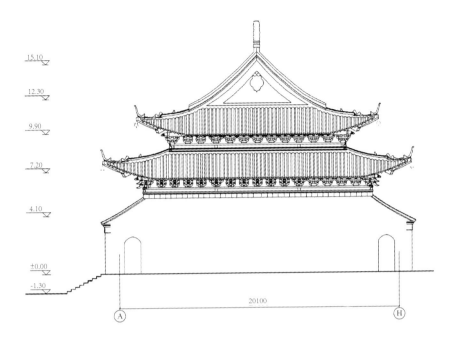

图 2-68

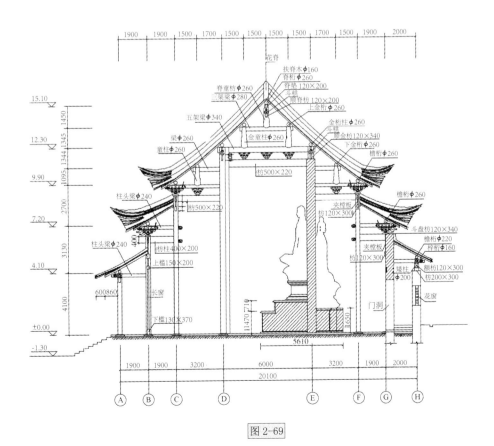

图 2-69

测绘图纸五
图 2-68 大雄宝殿侧立面图
图 2-69 大雄宝殿纵向剖面图

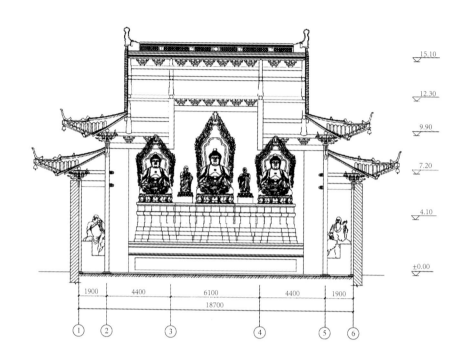

图 2-70

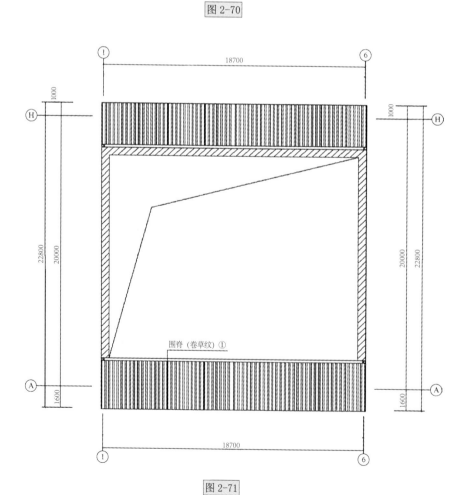

测绘图纸六
图 2-70 大雄宝殿横向
剖面图
图 2-71 大雄宝殿一层
屋面平面图

图 2-71

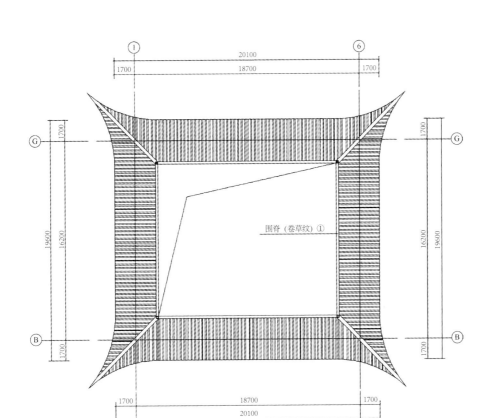

图 2-72

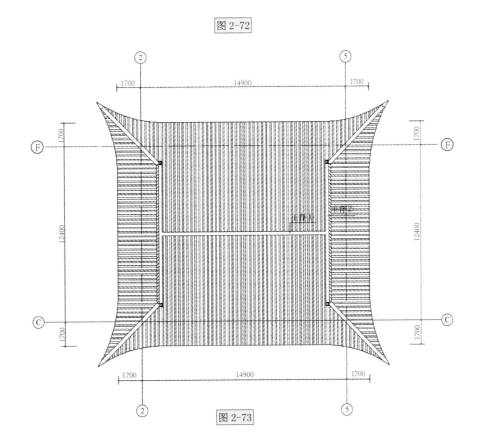

图 2-73

测绘图纸七
图 2-72 大雄宝殿二层
屋面平面图
图 2-73 大雄宝殿三层
屋面平面图

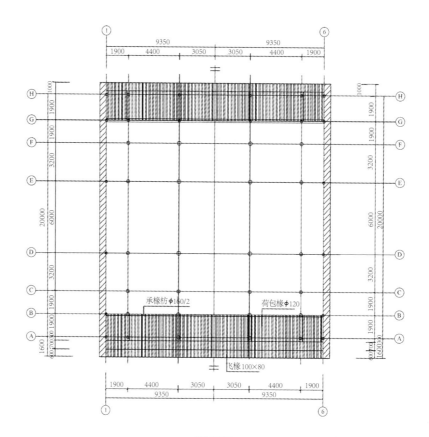

图 2-74

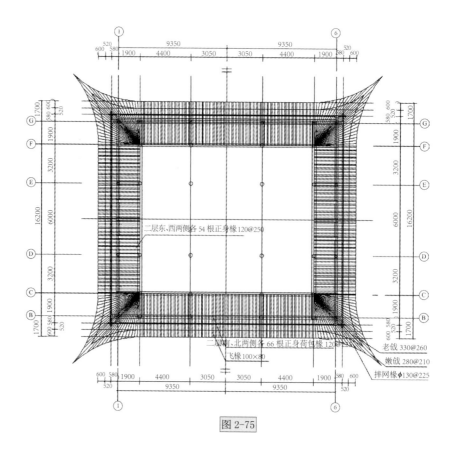

测绘图纸八

图 2-74 大雄宝殿一层
大木俯视图
图 2-75 大雄宝殿二层
大木俯视图

图 2-75

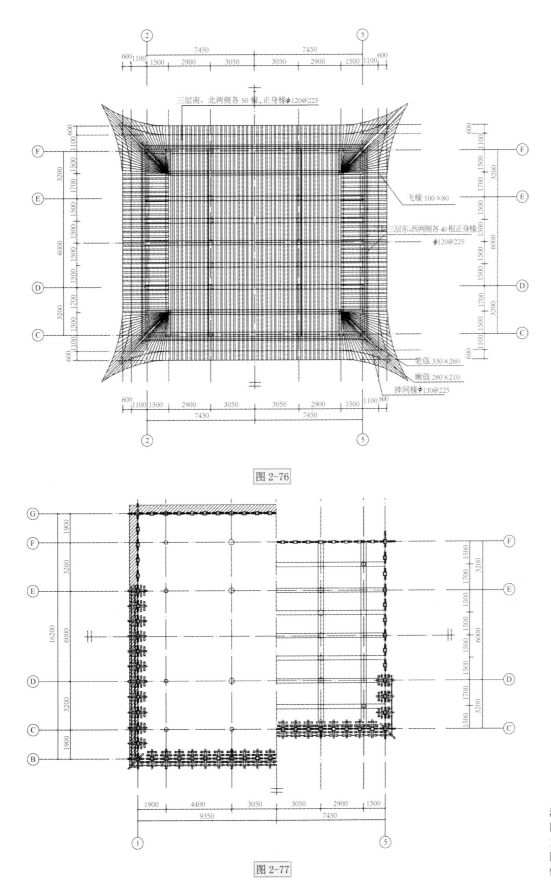

三层南、北两侧各 50 根，正身椽φ120@225

飞椽 100×80

三层东、西两侧各 40 根正身椽
φ120@225

老戗 330×260

嫩戗 280×210

摔网椽φ130@225

图 2-76

图 2-77

测绘图纸九
图 2-76 大雄宝殿三层
大木俯视图
图 2-77 大雄宝殿斗栱
位置分布图

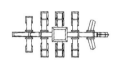 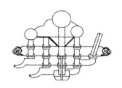 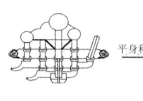 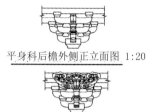

平身科后檐仰视平面图 1:20　平身科后檐侧立面图 1:20　平身科后檐拆分件图 1:20　平身科后檐外侧正立面图 1:20

平身科后檐内侧正立面图 1:20

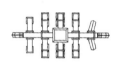 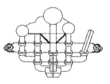 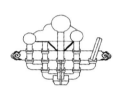 

平身科前檐仰视平面图 1:20　平身科前檐侧立面图 1:20　平身科前檐拆分件图 1:20　平身科前檐外侧正立面图 1:20

平身科前檐内侧正立面图 1:20

图 2-78

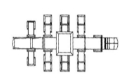 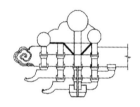 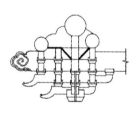

柱头科后檐仰视平面图 1:20　　柱头科后檐侧立面图 1:20　　柱头科后檐拆分件图 1:20

图 2-79

测绘图纸十
图 2-78 平身科斗栱
（斗口尺寸 70mm）
图 2-79 柱头科斗栱
（斗口尺寸 70mm）
图 2-80 角科斗栱、
一字斗栱（斗口尺寸
70mm）

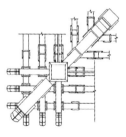 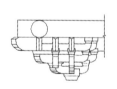

角科仰视图 1:20　　　　　　　角科立面图 1:20

图 2-80

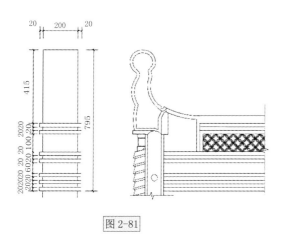

图 2-81

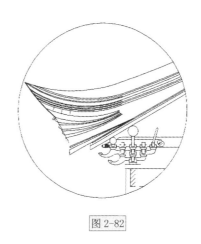

图 2-82

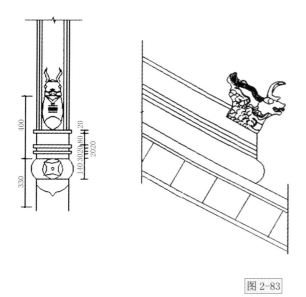

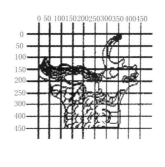

图 2-83

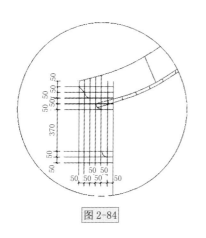

图 2-84

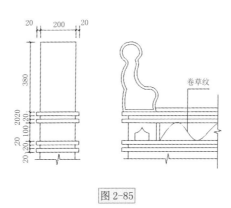

卷草纹

图 2-85

测绘图纸十一
图 2-81　正脊
图 2-82　檐口大样
图 2-83　垂脊及吻兽
图 2-84　砖细挂枋
图 2-85　围脊

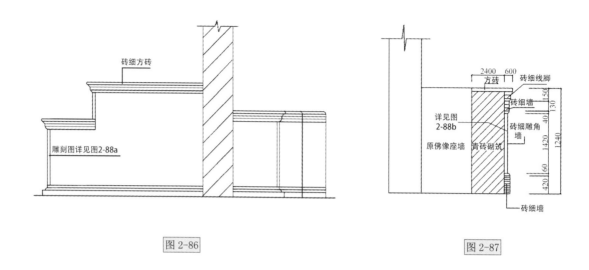

图 2-86

图 2-87

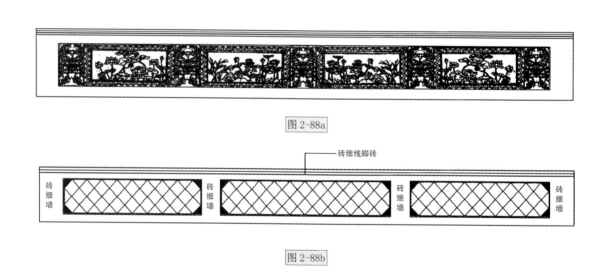

图 2-88a

图 2-88b

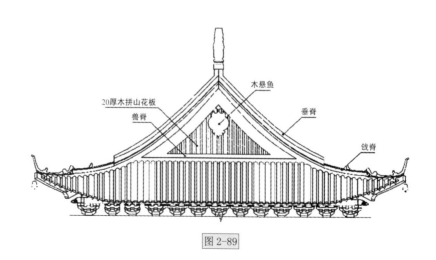

测绘图纸十二
图 2-86 释迦摩尼佛、海
岛观音佛台
图 2-87 十八罗汉佛台
图 2-88 佛台雕刻花饰
图 2-89 山花板花饰

图 2-89

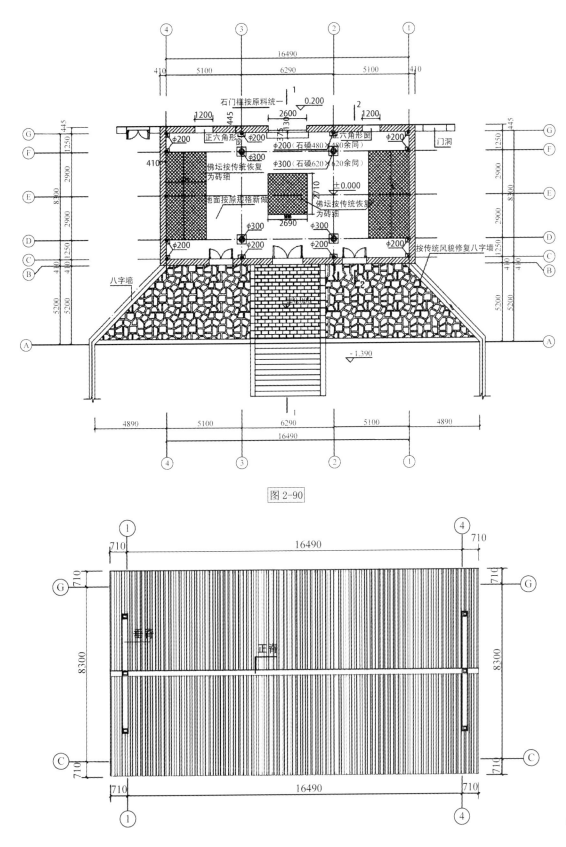

图 2-90

图 2-91

测绘图纸十三
图 2-90 天王殿平面图
图 2-91 天王殿屋面平面图

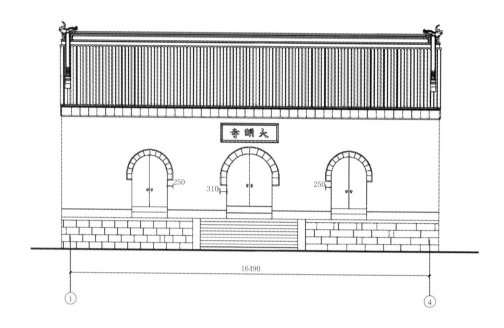

图 2-92

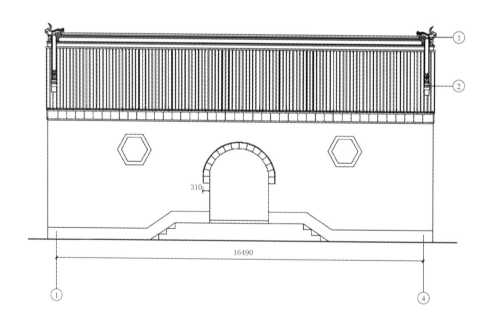

测绘图纸十四
图 2-92 天王殿南立面
实测图
图 2-93 天王殿北立面
实测图

图 2-93

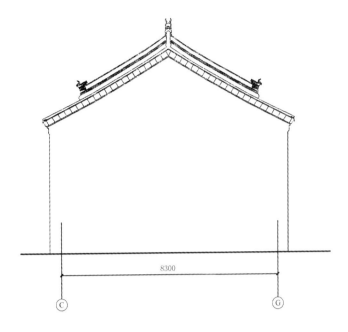

图 2-94

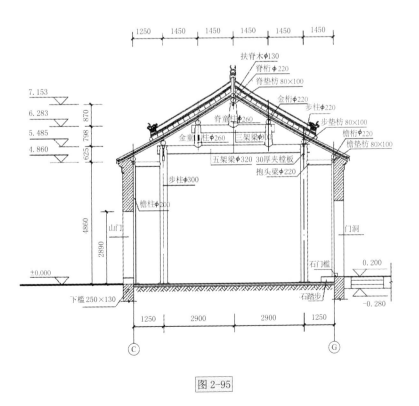

图 2-95

测绘图纸十五

图 2-94 天王殿东、西立面图

图 2-95 天王殿剖面图

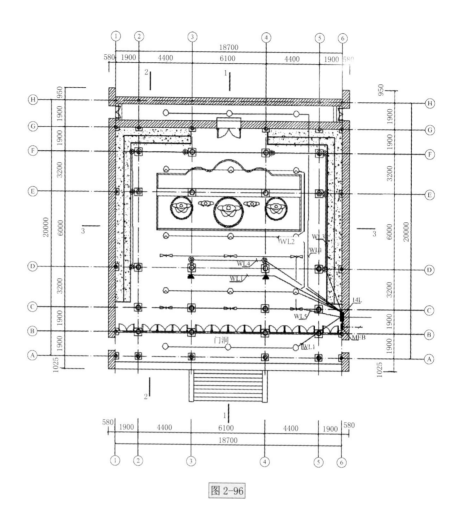

图 2-96

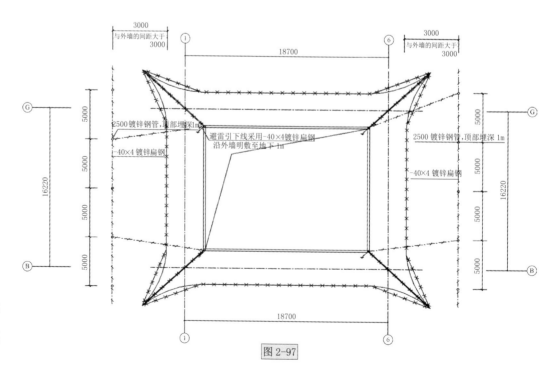

测绘图纸十六
图 2-96 大雄宝殿电气
平面图
图 2-97 大雄宝殿二层
电气平面图

图 2-97

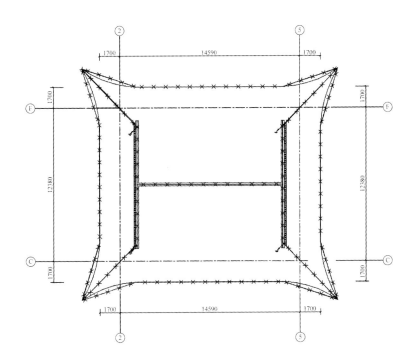

图 2-98

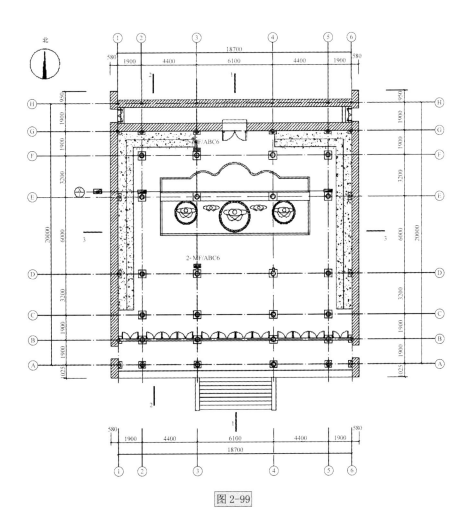

图 2-99

测绘图纸十七
图 2-98 大殿三层避雷
平面图
图 2-99 大雄宝殿一层
消防给水平面图

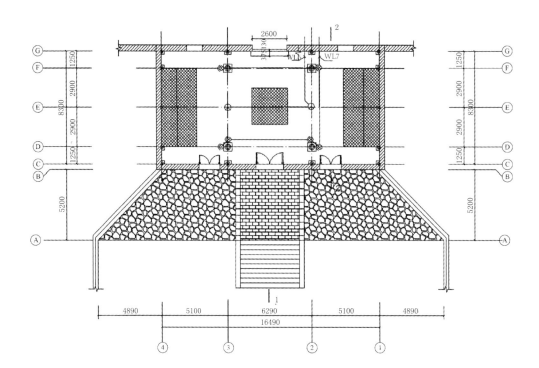

图 2-100

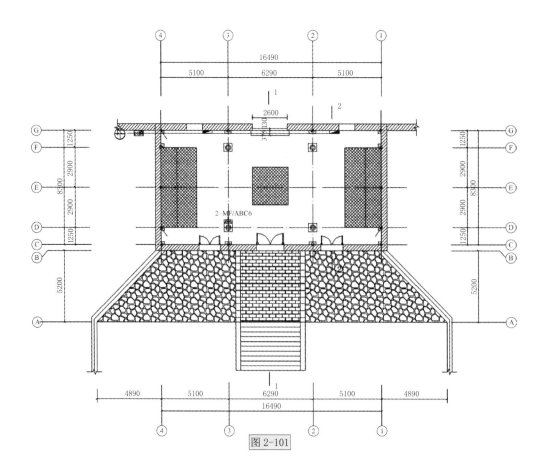

测绘图纸十八
图 2-100 山门殿电气平
面图
图 2-101 山门殿一层消
防给水平面图

图 2-101

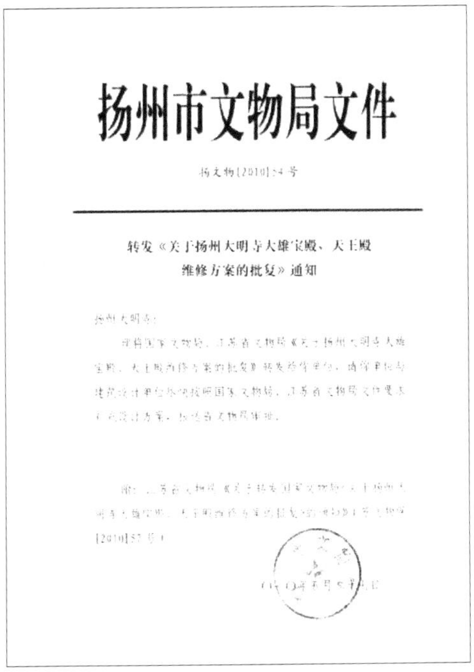

扬州市文物局文件

扬文物〔2010〕54号

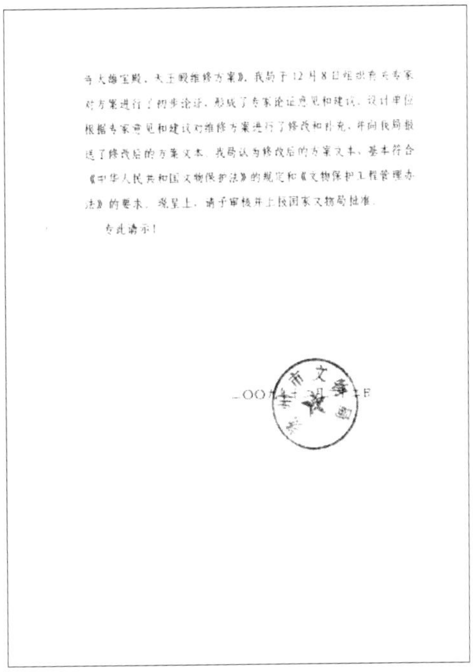

转发《关于扬州大明寺大雄宝殿、天王殿
维修方案的批复》通知

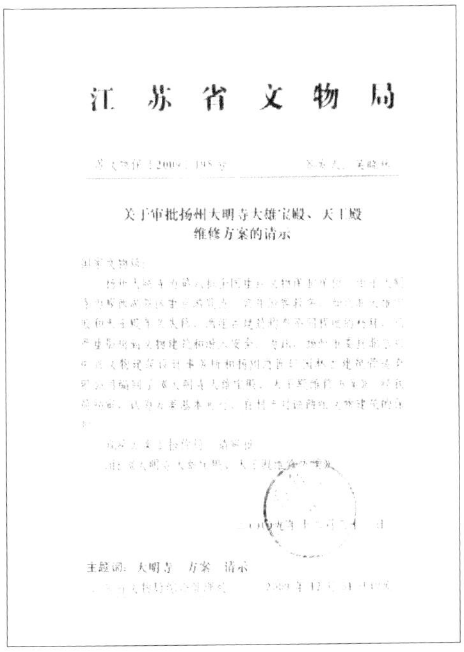

江苏省文物局

关于审批扬州大明寺大雄宝殿、天王殿
维修方案的请示

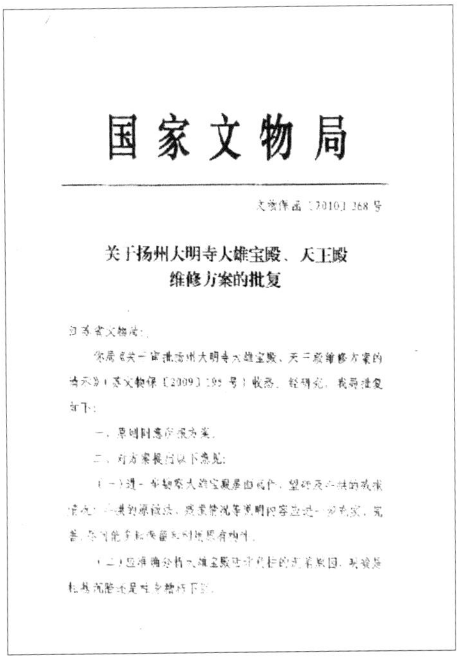

国家文物局

关于扬州大明寺大雄宝殿、天王殿
维修方案的批复

图2-102

测绘图纸附件一
图2-102　方案申报及
政府批复文件（一）

（三）大雄宝殿二、三层大木构件，图标注的高度与图样不符，须略注。

（四）建筑屋面应避持原做法，取消SBS防水层和生铁河板法。

（五）补充维势方案中"按传统方法重新油漆"的具体做法设计和实施对象，尽可能保存原有旧彩画。

（六）补充说明大本设正的错目措施。

（七）规范设计图纸，统一字号，补充设计人员签字。

请你局根据上述意见，组织相关单位对方案做进一步分析、完善，经我局核准后实施。施工中请加强监督、管理，确保文物安全。

此复。

抄送：本局文物保护处、财务处。
国家文物局办公室秘书处   2010年5月4日印发
印制：   终校：

江苏省文物局

总文物保〔2010〕57号

关于转发国家文物局《关于扬州大明寺大雄宝殿、天王殿维修方案的批复》的通知

扬州市文物局：

现将国家文物局《关于扬州大明寺大雄宝殿、天王殿维修方案的批复》（文物保函〔2010〕368号）转发你局，请你局致优有关单位按照文件要求，对大明寺大雄宝殿、天王殿维修方案件进一步补充和完善，完善后的方案报我局审核同意后实施。

附：国家文物局《关于扬州大明寺大雄宝殿、天王殿维修方案的批复》（文物保函〔2010〕368号）

主题词：大明寺 方案 通知

江苏省文物局综合管理处   2010年5月20日印发

扬州市文物局文件

苏文物〔2010〕5号

转发《关于扬州大明寺大雄宝殿、天王殿维修方案的批复》通知

各有关单位：

现根据国家文物局、江苏省文物局关于扬州大明寺大雄宝殿、天王殿维修方案的批复精神转发给你单位，请单位与建筑设计单位尽快按照国家文物局、江苏省文物局文件要求完善设计方案，报送文物局审批。

附：江苏省文物局《关于转发国家文物局《关于扬州大明寺大雄宝殿、天王殿维修方案的批复》的通知》苏文物〔2010〕57号

中标通知书

招标编号：YES201206003001

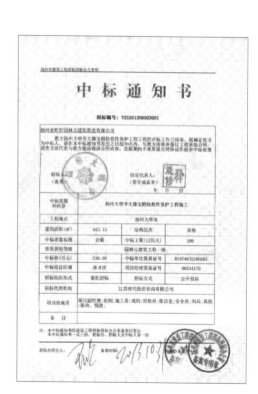

测绘图纸附件二
图2-103 方案申报及政府批复文件（二）

图2-103

第三章　修缮施工技术

第三章　修缮施工技术

第一节　施工组织方案（摘要）

一、工程概况

扬州大明寺坐落在扬州城北的蜀冈中峰，2006年被确定为国家重点文物保护单位。寺院初创于南北朝孝武帝大明年间（457—464年），曾有"法净寺"、"栖灵寺"之称。大明寺建筑高低错落，体量适宜，其中大雄宝殿更为雄伟壮观，享誉于世。著名古建筑学家梁思成先生对其精秀的木构造体系给予了高度评价。寺庙古迹以牌楼、山门、大雄宝殿等主要建筑布置在一条南北中轴线上，并依山势由南向北、由底向高逐渐升高的布局。

由于年久失修，大雄宝殿建筑屋面、地面、油漆均出现了不同程度的渗漏及老化，直接影响对外开放和佛事活动，亟待维修保护。扬州大明寺遂将该殿科学保护工作列为文物保护项目，通过多方认证，作出了"对屋面揭瓦修缮、木结构变形加固、室内地坪更换、油漆依旧刷新、院落环境整治、保护室内佛像"的施工总体要求。

大雄宝殿建筑构造虽不复杂，但其木构体系承载复杂，用料偏少，屋面结构变形较大，以及殿内照壁墙高达9.9m，尽是琳琅满目、美不胜收的满堂佛教艺术品，特别是艺术价值较高的海岛观音泥塑群像，因此，如何在佛品不遭受人为破坏的前提下，彻底进行维修，并通过精心修缮保护，使之永传后世，就成为这项文物保护工程的目标和难点。

工程中标后，组织相关专家及技术人员，结合保护设计方案进行了现场实地勘察，对工程修缮的可行施工方案和可靠的工程施工质量，进行了研究，报请相关部门批准后实施，以达到预期的效果。

（一）建筑构造

大雄宝殿坐北朝南，为大明寺主体建筑，现存的大殿建于1870年，大殿前院落东西均有文物价值石碑嵌在墙石上，院内也有百年松柏、百年黄杨、百年银杏，中间的通道又要作为举行佛事活动所需的狭长的场地。院落前为艺术价值较高的汉白玉石栏杆，有利于居高临下。

该殿面阔五间，长 18.7m，进深三间，为 16.2m，全部结构为木构架，屋顶为三重檐歇山顶，小瓦屋面，全高 16m，建筑面积 321m²，正面明间设踏步阶梯，两侧设砖细花坛，殿内建平面"一"字形佛坛，巍坐复莲高台的是释迦牟尼佛，左边是药师佛，右边是无量寿佛，照壁墙后面为泥塑海岛观音群像，整个画面中有 108 尊塑像，栩栩如生，气势磅礴，东西及北内墙壁造龛栱卫 18 尊罗汉像。

殿宇木构架，其构造按照明清做法，按照法式，用料偏少，构造比较独特，前檐施斗栱承重，两山墙前端使斗栱，山墙后端及后檐施"一"形斗栱，可谓罕见。下檐为前后坡廊，构造简单。殿顶屋盖举架坡势陡峻，上檐高举高约 5.2m，举算为 5 算向 7.5 算递增。脊步脑椽举势过陡峻，容易引起屋面滑坡，为其屋面施工的难点之首。殿宇各间梁架间的横向连接构造，由斗栱、平板坊、随沿坊、随檩坊，屋顶为通长檩条。前檐为通长窗格扇，东西山墙为砖砌清乱砖墙，后檐为混水墙。后檐以及前檐边间墙体等部件由砖砌筑而成，各间檩枋构件接口处均是榫卯相接，有效地加强了构架间的横向连接能力。

（二）大雄宝殿屋盖屋顶是这座建筑外形的重点装饰部位，也是本次修缮的重点，三重檐歇山顶，小瓦屋面为主，屋脊用板望砌筑而成滚筒亮脊，正吻为泥塑及金属制品，垂脊下口坐有泥塑佛像，明显地表现了重点突出建筑正面装饰艺术效果的意图。

二、修缮工程施工方案

（一）施工原则

按照工程勘探报告及修缮设计方案，结合《中华人民共和国文物保护法》以及相关的法律法规，依据工程施工规范及质量评定标准组织施工。技术设计以"不改变建筑原状为宗旨，视情况更换构件为辅，古今技术兼而用之，杜绝任何修缮性破坏"为维修原则，组织实施这项文物保护工程。

（二）工作内容的确定

根据修缮设计方案及说明书，其主要工作内容如下：

1. 殿内原则上现状保护，地面方砖更换新铺，壁龛墙复原，照壁墙修饰，电路更换，油漆按原标准新做。

2. 殿宇大木构架不落架，对木柱进行加固，对残损及变形的构件进行复制更换。

3. 屋面全面揭顶原形重盖，为确保该殿结构安全，应科学进行屋面瓦卸荷处理。

4. 为了慎重稳妥地保护好殿内的佛像，施工中室内上部保护棚要完善，做到防风防雨，万无一失。对室外照壁要专项支撑固定保护。

5. 室外香炉、石构件、砖雕及石碑进行专项保护。

6. 大殿四周搭设脚手，按文明施工的要求进行布置。按照施工组织设计进行围挡及搭设双排脚手，密目网封闭。

7. 防火和避雷措施。

（三）具体项目及施工技术要求

1. 现场重新勘测

（1）为了安全起见，进场后先搭设脚手和落实保护措施，然后组织相关技术人员对该殿主要结构部位进行复查校对，各部位承重柱的下沉是否明显，下沉是否对称均匀，屋架是否有倾斜和歪闪的迹象，柱身、柱跟有无蛀损劈裂等专项结构检查，检查结论后方可进行下道工序。

（2）勘测屋顶的所有细部尺寸，必须将正脊、戗脊、垂脊、歇山、围脊、艺术品等塑品一一绘图编号，详加拍照，摄像科学记录，妥善拆除，经现场分析确认塑体与屋面基层的连接方式，操作中应注意拆除后重盖前，必须先画复原图，所注尺寸是否准确，填表记录，原有固定方法，经设计、监理、建设方会审后方可拆除。

（3）拆除应认真细致，专人看管，掌握其内部结构的做法，以及隐藏物品，发现后应及时与寺方联系，以便按原结构等隐蔽恢复。

2. 屋盖修缮

（1）木基层：凡是朽损的椽子、封沿板、兽桩，经业主确认全部原样复制。

（2）望砖：全部卸下，清刷干净后，重新揭盖时，用原色浆重新刷，破损不足的望砖预先定制或及时收旧。

（3）脊构件及小瓦屋面：所有瓦件重新清刷后，方可继续使用，按照原样的标准，结合传统的做法，先后做好正脊、龙吻、垂脊、戗脊、重檐围脊、盖瓦。值得注意的是防水和苫背的技术、前后坡相交处的防水以及防止屋面的滑坡是技术的关键，传统灰背的做法改进均需施工时详细交底。

3. 油漆修缮

（1）柱子油漆全部采用国漆，应结合结构加固进行处理。

（2）其他部件采用调和漆，应注意灰皮脱落，以及构件破损处进行多次腻子找补。

4. 室内外保（防）护

（1）防雨、防风保护

为了确保施工期殿宇内外不受阳光、风雨的侵害，我们慎重分析了现场的实际情况，采取以下措施：备足油布随时覆盖在殿顶的外侧，再沿室内的檩条下利用满堂脚手设双层防雨布。

（2）原珍品保护

室内：对所有佛像采取木工板封闭固定，为防止雨水，再用防雨布覆盖；照壁墙在室内搭设保护支架整体控制，以防止屋面卸荷后本体发生变形；两山壁龛佛像保护，利用内柱并在柱间加钢管横杆，搭设护棚。

室外：砖细墙面、砖雕、石碑、石栏杆，采用木板保护；香炉四周均做封闭保护。

（3）游人及施工防护

a. 通往殿宇明间横设有封闭游人通道，采用钢管搭设，外围用木工板围护。

b. 建筑物四周均设禁示标志，采用双排钢管脚手，水平设竹笆，外围用密目安全网封闭，施工现场入口通道专人看守，确保游人不能进入。

c. 北侧需搭设游人通道，上、左、右均需木工板密封防护。

（4）防火、安全、文明施工需编制专项施工方案，报相关部门审批后，方可施工。

（5）脚手架

室外双排脚手，四周均有接料平台，前后檐需有供人上下的人行梯及跑道。室内满堂脚手，要有人行抬料上下的斜道。

三、施工布置

（一）施工程序

为了在施工中减少返工浪费，提高工

作效率，使整个工程有条不紊，顺利进行，必须注意采用正确的施工程序。施工程序：

（1）重测记录，绘图照相。

（2）选材备料，定制砖瓦。

（3）封闭布置，清理场地。

（4）搭设脚手，专项防护。

（5）揭拆屋顶，选料清理。

（6）拆除朽木，原料更换。

（7）损件复制，铺盖屋面。

（8）内外油漆，自上而下。

（9）新作地面，恢复原貌。

（10）初步验收，局部整改。

（11）整理资料，竣工验收。

（12）专家复验，整改保修。

（二）施工原则

修缮文物古迹，保护文化遗产应以十分严肃认真的态度开展工作，一方面要避免一切"保护性的破坏"，为此，应注意以下事项：

（1）深入研究，组织交流，严格按照《中华人民共和国文物保护法》办事。

（2）注意观察，仔细拍照，确保原样复原。

（3）专人管理，安全防火，杜绝一切安全及意外事故的发生。

（4）加强交底，严控工序，保证修缮工程质量。

（5）随时观察，注意分析，不断深化设计修改。

（6）科学管理，不得粗制滥造和盲目追求工程进度。

（三）工期

组织人力物力，坚持加班加点，投足装备力量，确保180天完成修缮任务，确保梅雨季节前完成屋面施工。

（四）质量标准

按照中华人民共和国行业标准《古建筑修建工程质量检验评定标准》（南方地区）（CJJ 70—1996），合格率100%，确保工程等级合格，力争参加创优评比。

（五）施工组织网络（图3-1）

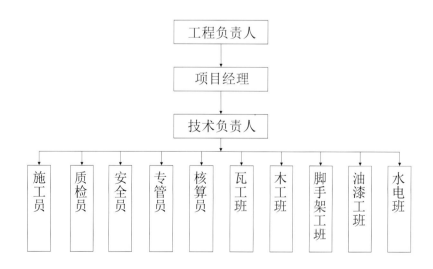

图3-1

图 3-1 施工组织网络图

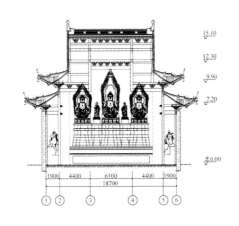

图3-2 (张灿灿画)

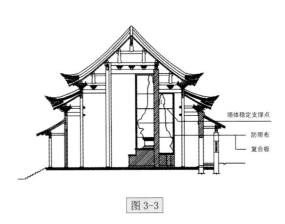

墙体稳定支撑点
防雨布
复合板

图3-3

图3-2 边间佛像保护图
图3-3 明照佛像保护图
图3-4 施工场地围挡图

四、主要项目施工方法及技术措施

（一）保（防）护

1. 室内保护

材料：钢管、木枋、篷雨布、复合板等。

施工方法：

（1）配好篷雨布，保证每天晚上及雨前屋盖上满铺。

（2）沿檩条下口及利用室内满堂脚手固定篷雨布，并用木条压实，确保室内防雨、防水。

（3）明照部位及两山壁龛佛像上口，采用木枋作楞木，四周用复合板封闭。对明照进行上下、左右平衡控制，以便屋面卸荷后明照变形，是本次修缮的难点（图3-2，图3-3）。

2. 室外保护

（1）砖细墙面采用木枋，复合板全部封闭，以防施工时损坏。

（2）建筑物四周场地分隔（图3-4），石碑、香炉四周采用钢管搭设，竹笆作围护墙，外设密目网围护。

（3）所有上下踏步均采用木板封闭后作为施工通道。

3. 施工脚手

（1）根据本工程的特点及高度要求，外围全部采用 ϕ48钢管扣件双排脚手（图3-5），设水平竹笆三道，外围全部采用密目网封闭。在大殿的西南角设坡形工作梯，二、三层重檐上下分别在西南、东北设上下垂直梯，采用钢管与脚手架连接，在北侧设置垂直人行梯，建筑物的四周均设接料平台（图3-6）。

（2）双排扣件式钢管脚手架，立杆纵

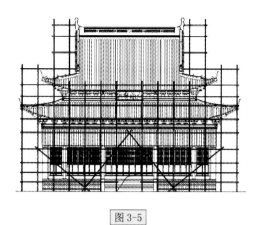

图 3-5

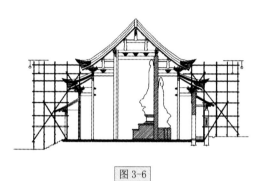

图 3-6

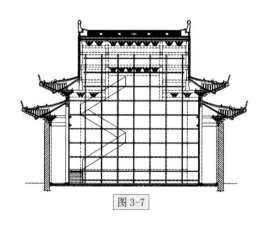

图 3-7

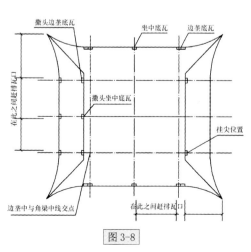

图 3-8

距 1.5m 以内，大横杆距 1.2m。

（3）室内搭设满堂脚手及上下坡形工作梯，直至屋面的底部（图 3-7）。

（4）在大殿的东廊入口及北侧搭僧人、游人通道。通道与施工现场全部隔离，通道采用钢管搭设，上口采用竹笆，密目网双重封闭，两侧采用胶复合板封闭，严格按照安全操作规程的标准进行搭设。

（二）拆除工程

首先按照僧人及文物保护的要求，瓦件拆卸之前应先切断电源并做好内、外檐装修及室内屋顶棚的保护工作。为了安全起见，考虑到卸荷均匀，应四边同时拆除，在坡上纵向放置大板并钉好踏步条，操作时将大板随工作进程移动，拆卸瓦件时应先拆揭勾滴（或花边瓦），并送到指定地点妥为保管，然后拆揭瓦面和垂脊、戗脊、围脊等，最后拆除大脊。

在拆卸中特别注意保护瓦件不受损失，要按脊件、盖瓦、底瓦和勾滴等分类存放，然后做一个统计。统计的范围：脊的分件、盖瓦、底瓦及勾滴必须补换的数目、名称，要查明规格，以便收旧和补充订货。

可以利用的瓦件应将灰、土铲掉扫净。瓦件拆卸干净后应将原有的苫背垫层全部铲掉。

（三）木构架工程

及时检查木构体系，如需更换木构件，应及时复制更换，用料一致。注意收集旧料，因本工程的木构架体系用料偏小，根据保护设计方案，采用化学加固方案，具体方案过程经认证后方可施工。

（四）屋面工程

屋面施工的程序是：先做脊后盖瓦。

图 3-5　外墙双排脚手
图 3-6　接料平台
图 3-7　室内满堂脚手
图 3-8　屋面盖瓦定位图

1. 望砖

（1）板望施工应将望砖浇刷干净，线条均匀、直顺、基本无污迹，披线所用的材料、质量、色泽均一致，严格按照地方传统做法组织施工。

（2）铺设望砖应注意选砖，保证铺设平整，接缝均匀，行列齐直，无翘曲，望砖纵向线条齐直控制在8mm内，望砖纵向相邻二砖线条齐直2mm以内。

2. 盖瓦

（1）盖瓦准备工作（图3-8）

a. 分中、号垄、排瓦当。

b. 檐口的下檐分中垄与上层檐相同，上、中、下檐的中线要垂直对齐。

c. 盖边垄：在每坡两端边垄位置挂线，铺灰，各盖两趟底瓦，一趟盖瓦，歇山排山勾滴同时盖好，两端的边垄应平行，曲线一致。

盖完边垄后方可调整垂脊，调完垂脊，戗背后再盖瓦。

d. 拴线：以两端边垄盖瓦为标准，在正脊、中腰和檐头位置拉三道横线，作为整屋顶的瓦垄控制标准。

（2）盖瓦

a. 审瓦：对瓦件应逐块检查，瓦件的挑选以敲之声音清脆，不破不裂，没有隐残者，外观无明显曲折、变形、无粘疤。

b. 布瓦要点：大殿旧料用于东、南、西面，新瓦用于北屋面。

c. 考虑到操作人员多，前后或双山面同时铺盖。在大面积盖瓦前先在屋面的中间按照边垄的曲线将三趟底瓦和两趟盖瓦盖好，即可分段施工，必须拴好齐头线、楞线和檐口线为标准。

d. 檐口勾头和滴水瓦盖时要拴两道线，一道线在滴水尖的位置，控制瓦的高低和出檐，第二道线即为檐口线，勾头的高低和出檐均以此为标准。

e. 盖底瓦时应用铅丝开线，底灰应饱满，厚度不少于4cm，底瓦应窄头朝上，从下往上依次摆放，底瓦的搭接为"压六露四"，檐头的三块瓦为"压五露五"，脊根的三块瓦达到"压七露三"，灰应饱满，瓦要摆正不得偏歪，底瓦两侧灰应及时用瓦刀抹齐，不足之处需补齐，底瓦垄之间的缝隙处用纸筋灰塞严密实。盖瓦过程中，始终保持一人在远处观察，指出瓦垄存在的质量问题。

f. 盖瓦灰要比底瓦灰稍硬一点，盖瓦不要紧挨底瓦，继续以线为准，盖瓦要熊头朝上，从下往上依次安放，瓦垄的高低、直顺都要以瓦刀线为准。应特别注意不必每块都依线，盖瓦须为"大瓦跟线，小瓦跟中"。

3. 筑脊

（1）正脊、围脊

a. 正脊、围脊及饰件的位置、造型、尺度及分层做法，必须符合原样要求，其表面不得有空鼓、开裂、翘边、断带、尾灰等缺陷；正脊按照原样铺好两端坐盘和混砖之上做泥塑正吻，然后再两端正吻之间拴线、铺灰、瓦条、混砖、亮花筒、过脊枋（字牌），特别需要注意的按原样恢复龙筋等方面的隐蔽技术问题，配合僧人做好正脊合龙的传统风俗。

b. 严格控制成品标准，垂直度偏差正脊控制在5mm内，围脊控制在3mm，线条间距偏差在5mm，线条宽深控制在3mm，正脊、围脊的直顺度控制在20mm。

（2）垂脊、戗脊、博脊

a. 垂脊、戗脊、博脊所用的灰泥、品种、质量、色泽应符合恢复原样和现代技术的要求，造型正确，弧度曲线和顺对称一致，线条清晰通顺，高度一致，垂兽、走兽、花兰座、塑狮、塑龙、龙珠等饰件位置正确，对称部位对称，高度一致。

b. 戗脊、垂脊顶部弧度偏差控制在5mm，线条间距5mm，线条宽深3mm，纹头标高控制在 ±8mm，水戗标高控制在 ±20mm。

走兽、脊头中心位移偏差 ±8mm，垂脊、戗脊斜面直顺度在 20mm 以内。

c. 泥塑艺术品件

①灰塑件的各种材料的材质、规格、配合比应符合恢复原样的要求。

②对恢复原样的材料发生变化，亦经建设单位、文物部门同意后方可变更。

③泥塑制品表面光滑，线条清晰流畅，形象生动逼真，层次清楚，立体感强，安装牢固正直，结合严密，表面洁净。

④认真按照原样，放大样、套样求作底样，并反映原建筑历史特点和风格。

（五）油漆工程

1. 木基层处理：柱子需砍去原地仗重新做地仗，其余采取个别处破坏，找补地仗即可。基层处理应注意以下四道工序：一斩砍污木，二撕缝，三下竹钉，四汁浆，视实际情况认真确认。

2. 各遍灰之间及地仗与基层之间应清理干净，粘结牢固，无脱层、空鼓、翘皮和裂缝等缺陷。

调和漆的质量检验和评定标准应按现行国家标准《建筑工程质量检验和评定标准》的规定执行。同时做好基层打磨程序。

国漆施工操作程序应符合规程要求，大面无流坠、皱皮、光亮、光滑，小面无明显流坠、皱皮、轻微等缺陷，颜色一致，无明显刷纹，无明显划痕、砂眼，大小面无明显分色线。

五、施工措施

（一）保证质量措施

1. 按照建立的 GB/T 190021—2000/LS 09001:2000 质量管理体系认真进行《中华人民共和国文物保护法》学习，深刻领会修缮意图，进行修缮项目自审，将所有的项目落实在图纸上。

2. 注意观察现场的具体情况，发现问题及时与建设单位及监理单位相关人员取得联系，待解决后，方可进行下道工序，做好洽商记录，作为竣工资料移交归档。

3. 坚持全员持证上岗，认真执行自检、互检、交接检制度，严格按照标准施工。

4. 把好材料与半成品质量关，进场材料必须有合格证，不合格的材料一律不得使用。

5. 施工前工程技术人员、管理人员应每道工序必须同作业人员交底，交底时要交技术标准、施工方法、操作要素、质量要求，使操作者心中有数，交底还包括交规程、交规范，争创品牌工程。

6. 赶工措施在施工前经班组研讨后制定详细、切实可行的计划。

（二）通病防治要点

根据我们常年的维修经验，对下列问题必须严格把关与过细，并在施工前组织分析交底的专题会议。

1. 拆除各部件的隐蔽问题（特别是结构形式、内藏物品等）。

2. 整体结构安全性的确认（拆除并检查，结构稳固，均匀卸荷）。

3. 传统灰浆的现行做法与苫背的技术关系。

4. 油漆的基层处理。

5. 防风防雨及夏季施工的防护。

（三）安全技术措施

按照已建立的 GB/T 2800—2001 职业健康安全管理体系，开工前，需编制安全生产施工专项方案，需经相关部门批准，同时还需注意以下几点：

1. 安全防护：全部封闭，符合标准化工地施工标准，进入施工现场人员必须带好安全帽、胸牌，高空作业系好安全带，施工入口与游人通道专人看守，并设明显标志牌。

2. 机械安全：机械操作人员持证上岗，配备专人管理，专人操作，防止机械伤人，电气设备专职电工维修，配电箱加锁，防止触电事故发生。

3. 保卫消防：现场施工道路兼作消防通路，施工期间道路上不堆物堆料，断路必须请示建设方负责人批准，尽快恢复，保证畅通，进场人员必须统一管理，并定期召开会议，督促卫生安全等方面的知识。

4. 现场管理：脚手架出入口设警示牌，吊具必须每天检查，夜间施工必须有足够的照明。

5. 料具管理：各种料具按照平面布置，分规格码放整齐、稳固。

（四）防火措施

开工前，在做好防火施工方案前，需经相关部门批准，还需注意以下几点：

1. 现场动火必须经工地负责人批准，申请业主、监理，现场不得任意动火，施工现场严禁吸烟，并建立专门吸烟室。

2. 现场设置防火用具，防火药物在保质期内。

3. 施工用水并作消防用水，道路兼作消防道路。

4. 按照《中华人民共和国文物保护法》要求进行全员的防火知识学习和教育。

（五）文明施工措施

按照建立的 GB/T 24001—2004/LS14001:2004 环境管理体系，开工前，在会同相关部门后，报批相关方案，经同意后，还需注意以下几点：

1. 工地成立文明施工领导小组，项目经理兼任组长，成员由各班组组长及骨干人员组成，并正常开始工作，进行检查、评比。

2. 建立制度，责任到人，按章办事，奖罚分明。

3. 加强对员工文明施工的教育，班组天天抓，工地每周检查，公司按月检查，杜绝工地上一切不文明施工的行为。

4. 施工现场无随地大小便及吸烟现象，坚决杜绝打架、斗殴、赌博、偷盗、滋事、扰民等违法行为，生活区食堂清洁卫生，并服从寺内、居委会、公安机关管理。

5. 科学组织施工，各种标牌齐全。

（六）工期措施

本工程计划 180 天完成，屋面工程 90天，在保质保量的前提下，从人力、物力、加班加点的角度来科学地安排好工期，确保如期完成。

1. 实行内外同时作业，能够穿插的工种提前介入。

2. 全方面的作业，屋面四周同时拆除，同时盖瓦。

3. 坚持加班加点，夜间保持正常进料，关键工序安排三班作业。

4. 加强装备，配合两台垂直运输机械，以保证屋面作业面的全部供料。

（七）施工现场平面布置（图3-9）

（八）施工进度计划表（图3-10）

说明：本工程总工期180天，为了避免雷雨季节，90天完成屋面部分、其他外装饰及室内外所有项目。

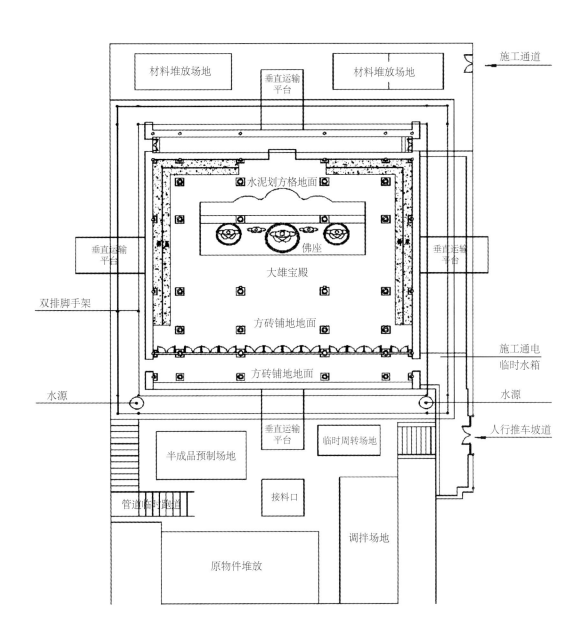

图3-9

图3-9 施工现场平面布置图

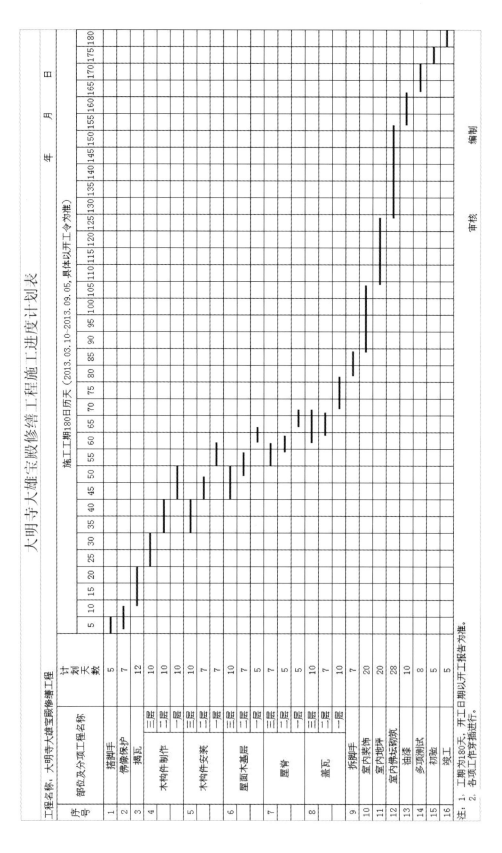

大明寺大雄宝殿修缮工程施工进度计划表

工程名称：大明寺大雄宝殿修缮工程　　施工工期180日历天（2013.03.10~2013.09.05，具体以开工令为准）

序号	部位及分项工程名称		计划天数
1	搭脚手		5
2	佛像保护		7
3	揭瓦		12
4	木构件制作	三层	10
		二层	10
		一层	10
5	木构件安装	三层	10
		二层	7
		一层	7
6	屋面木基层	三层	10
		二层	7
		一层	5
7	屋脊	三层	7
		二层	5
		一层	5
8	盖瓦	三层	10
		二层	7
		一层	10
9	拆脚手		7
10	室内装饰		20
11	室内地坪		20
12	室内佛云彩塑		28
13	油漆		10
14	多项测试		8
15	初验		5
16	竣工		5

注：1、工期为180天，开工日期以开工报告为准。
　　2、各项工作穿插进行。

审核　　　　　编制

图3-10

图 3-10　施工进度计划表

第二节　大雄宝殿施工过程简述

一、防护措施

1. 室内防护主要是室内的佛像和海岛观音群泥塑像保护，难度较大，是本次修缮的难点。照壁墙全部采用乱砖灰泥砌筑墙体，刚度、强度很低，长度11.9m，高度为9.9m，明照垂直度偏差值较大，防止屋面卸荷后，照壁墙受到一定的影响，发生倾斜倒塌。因此，预先采取了上、下、左、右采用木楞支撑，外部采用钢管卡压，支撑点采用平板等措施，使之受力平衡稳定而控制变形（图3-11）。

图3-11

2. 佛像外全部采用复合板封闭保护，为防止雨水亦采用雨布覆盖（图3-12）。

3. 建筑物整体保护采用遮雨布沿屋面满盖，保证雨天及过夜正常覆盖（图3-13）。

4. 室外，除运输材料的出入口的踏步、门坡进行了平板保护外，靠近施工场地的通道均采用封闭通道，保证人行安全通过，石碑等构件均采用了保护措施（图3-14）。

5. 施工围挡采取了兼顾施工、佛事活动及游客通行的需求保护，以达到文明施工的效果。

图3-12

图3-13

图3-14

二、脚手架

本工程的脚手架搭设主要有施工操作和结构稳定、安全防范的作用。搭设方案：

图3-11 整体木构架满堂脚手固定
图3-12 佛像保护
图3-13 整体屋面保护
图3-14 建筑物周围围挡（江涛提供）

室内采用满堂脚手架及上下坡形楼梯，保证人和物正常通行（图3-15）；室外采用了双排脚手（图3-16），操作层铺设水平竹笆，以保证人料四周通行，密闭安全网封闭；在大殿的西北角搭设了行人坡梯（图3-17），上二层檐及三层檐采用了与脚手连接的垂直梯；在北立面搭设了垂直上人梯；建筑的四周脚手上，均搭设了运料平台及垂直运输设备（图3-18）。

脚手架搭设：由于脚手架不能与建筑物连接，因此，从立杆横杆的垂直、水平度上，严格按规范操作，立杆间距不大于1.5m，大横杆水平距离1.2m，前后檐脚手高出操作面1.5m（图3-19），两山歇山部位应满足操作要求（图3-20）。操作层全部采用满铺粗竹篱板四角绑扎牢固。加固的脚手架均有相关专业技术人员现场采用不同的措施搭设。在脚手架的外面加密设置剪刀撑，接料口，操作平台均设置栏杆、挡脚板，搭设时注意了拆除顺序。拆除脚手架时，关注工作区的标志，禁止行人进入。拆除顺序，先搭者后拆，后搭者先拆，

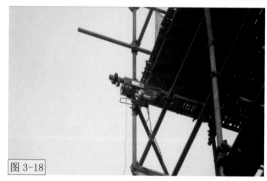
图 3-17

图 3-18

图 3-19

图 3-15

图 3-16

图 3-20

由上而下，先拆栏杆、脚手板、剪刀撑，再拆小模杆、大模杆、立杆等。

三、屋面拆除

拆前准备。拆除前，对建筑本体与设计方案进行核对，对有危情的部位事先加固。根据工程的情况，搭设了拆除的专用

图 3-15　室内脚手
图 3-16　室外脚手
图 3-17　人行斜道
图 3-18　简易吊装设备
图 3-19　标准杆件
图 3-20　接料平台

脚手。在大殿的南院作为旧料的堆放地点，并自上而下，四面坡同时拆除（图3-21，图3-22），

对盖瓦、底瓦、望砖及屋脊配件进行清理干净且统计好数量，以确定新购进的品种、规格、数量。所有屋脊在拆除前进行二次测绘、拍照片、绘图（图3-23，图3-24），以保证各种饰件修复后在形制、用料、原则上与原来完全一致。及时将拆除屋面时掉下的杂物垃圾清理干净并运出场外（图3-25～图3-28）。大殿中使用的不同瓦头如图3-29～图3-36所示。

图3-24

图3-25

图3-21

图3-26

图3-22

图3-27

图3-23

图3-28

图3-21 拆除屋面（一）
图3-22 拆除屋面（二）
图3-23 屋脊拆除看构造
图3-24 屋脊原形图
图3-25 屋脊构件（一）
图3-26 屋脊构件（二）
图3-27 屋脊构件（三）
图3-28 正脊中圆镜

图 3-29

图 3-33

图 3-30

图 3-34

图 3-31

图 3-35

图 3-29　瓦件（一）
图 3-30　瓦件（二）
图 3-31　瓦件（三）
图 3-32　瓦件（四）
图 3-33　瓦件（五）
图 3-34　瓦件（六）
图 3-35　瓦件（七）
图 3-36　瓦件（八）

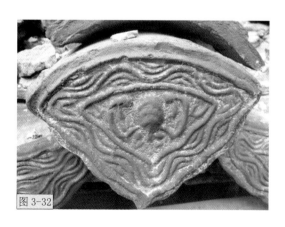

图 3-32

图 3-36

四、大木作整修

1. 本工程采用揭顶大修，木结构不解散整体，对支撑构件进行打牮拨正，将斜、扭、脱位的构件复位，归扶平直，对局部残损的梁、枋、柱、斗栱等失效部位进行修补或更换，然后整体加固、垫实、整合。大殿木构件构造图如图3-37～图3-58所示。

2. 由于大殿的木构体系，按照法式，用料偏小，新中国成立后已有两根柱子进行加方木加固，因此经研究并反复论证，对其主要承重木柱构件，采用了碳纤维布补强的方法（方案附后），并按照现行的施工验收规范要求进行了专项的主体结构验收。本次修缮仍采用手工操作（图3-59～图3-66）。

3. 大木构架受损构件的加固与整修。本工程的西北角柱采用了墩接技术，其他柱子的表面轻微糟朽，有裂痕者均做麻布油漆。梁、枋构件视情况，采取整修、补强，糟朽严重的更换。椽子糟朽超过其直径2/5的更换，上、中檐口的飞檐基本全部更换。椽子进行长短调配性归类更替，以长补短。附修缮重点部位（图3-67～图3-74）。

4. 防虫、防腐处理。委托有专业资质的单位进行施工。采用白蚁防治剂对木构架、地面土层、内粉刷墙面等按不同阶段进行喷、洒等措施，伸入墙体的木构件表面刷水柏油。

5. 木装修长窗保修较好。长窗拆卸后，仓库堆放整修。屋面、地面、墙面整部结束后，重新就位安装。

附：加固方案

（一）工程概况

项目介绍（略）。

根据两次测绘资料，基础未发生沉降，梁的挠度满足规范的要求，卯榫连接未发生拔榫现象，但原木柱在制作时含水率较高，其表面部分比内部容易干燥，而木纤维的内外收缩不一致，年久后由于木料本身的收缩而产生裂缝。并且扬州市属于亚热带湿润气候区，环境潮湿，很容易发生腐蚀，常见的部位有柱根等（图3-75～图3-78）。

由于木材具有容易开裂的特点，使用多年的古建筑中木柱普遍存在裂缝。《木结构设计规范》（GB 50005—2003）通过规定木柱的材质等级来限制开裂对木柱性能的不利影响，这并不能解决在役木柱使用后出现裂缝的不利影响。另外，对木材材质等级的限制也降低了木材的利用效率，造成木材资源的极大浪费。

图3-37

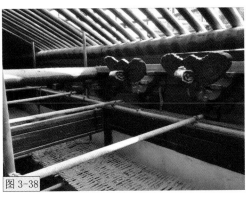

图3-38

图3-37 斗栱构造（一）
图3-38 斗栱构造（二）

图 3-39

图 3-43

图 3-40

图 3-44

图 3-41

图 3-45

图 3-39 斗栱构造（三）
图 3-40 斗栱构造（四）
图 3-41 斗栱构造（五）
图 3-42 老角梁尾部构造
图 3-43 三梁交汇构造
图 3-44 枋梁构造
图 3-45 大木构架构造
图 3-46 梁架节点（一）

图 3-42

图 3-46

图 3-47

图 3-51

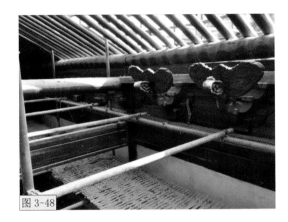

图 3-48

图 3-52

图 3-49

图 3-53

图 3-50

图 3-54

图 3-47 梁架节点（二）
图 3-48 大木构架构造
图 3-49 檐步架构造
图 3-50 内构架一字栱
图 3-51 檐口构造（一）
图 3-52 檐口构造（二）
图 3-53 椽、枋构造
图 3-54 椽构造

图 3-55

图 3-59

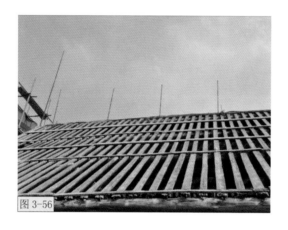

图 3-56

图 3-60

图 3-57

图 3-61

图 3-55 望板构造
图 3-56 脊桩构造
图 3-57 戗角构造（一）
图 3-58 戗角构造（二）
图 3-59 木工操作（一）
图 3-60 木工操作（二）
图 3-61 木工操作（三）
图 3-62 木工操作（四）

图 3-58

图 3-62

图 3-63

图 3-67

图 3-64

图 3-68

图 3-65

图 3-69

图 3-66

图 3-70

图 3-63　木工操作（五）
图 3-64　木工操作（六）
图 3-65　木工操作（七）
图 3-66　木工操作（八）
图 3-67　木修缮构造（一）
图 3-68　木修缮构造（二）
图 3-69　木修缮构造（三）
图 3-70　木修缮构造（四）

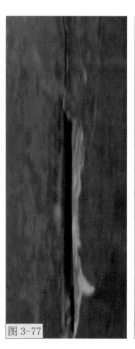

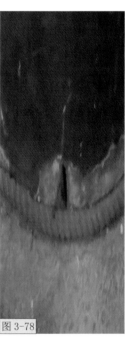

图 3-71 木修缮构造（五）

图 3-72 木修缮构造（六）

图 3-73 木修缮构造（七）

图 3-74 木修缮构造（八）

图 3-75 柱原状（一）

图 3-76 柱原状（二）

图 3-77 柱原状（三）

图 3-78 柱原状（四）

（二）拟采取的加固方法

近年来碳纤维（CFRP）在木结构维修加固领域得到越来越多的发展。针对以上情况，本工程拟对柱子采用粘贴碳纤维布（CFRP）的方法进行加固。碳纤维具有以下特点：

①高强高效，适用面广，质量易保证。

②施工便捷，工效高，没有湿作业，不需现场固定设施，施工占用场地少。

③耐腐蚀及耐久性能极佳。

④加固修补后，不增加原结构自重及原构件尺寸。

（三）施工工艺

工艺原理：木结构建筑的碳纤维布加固方法是将碳纤维布采用高性能的环氧类胶粘剂粘结于构件的表面，利用碳纤维材料良好的抗拉强度达到增强构件承载能力及刚度的目的。

工艺流程及操作要点：

工艺流程：卸荷→基底处理→剪裁→涂底胶→粘贴→养护。

构件卸荷。可以直接去掉作用于构件上的可卸活荷载，也可通过其他仪器设备，相对于原有作用荷载反向作用于构件。

基底处理。去除构件表面油污等杂质或表面突起部位；如表面有凹坑时，应用找平材料将缺陷部位填补平整；存在裂缝时，应当按设计要求对裂缝进行灌浆或者封闭处理。

碳纤维布裁剪。按设计规定尺寸剪裁纤维布（含纵横向重叠部分），长度一般应在3m之内，避免剪断纵向纤维丝。

涂刷基底粘结剂。按照厂家工艺规定配制底层胶粘剂，用滚筒或者刷子将底层胶粘剂均匀涂抹到构件表面，待胶固化后再进行下一道工序。

粘贴纤维布。75％的胶粘剂涂抹在碳纤维布与试件的贴合面，其他的胶粘剂涂抹在碳纤维布的外表面；用滚筒反复沿纤维方向滚压，让胶粘剂充分渗透纤维布以及纤维间的缝隙。

养护。施工操作最好是在10～30℃的室内环境温度下进行。

（四）质量要求

①验收时必须有碳纤维及其配套胶生产厂家所提供的材料检验证明。验收以企业标准为验收依据。

②每一道工序结束后均应按工艺要求进行检查，做好相关的验收记录，如出现质量问题，应立即返工。

③现场验收以评定碳纤维布与木结构之间的粘结质量为主，用小锤等工具轻轻敲击碳纤维布表面，以回音来判断粘结效果，如出现空鼓等粘贴不密实的现象，应采用针管注胶（FR）的方法进行补救，粘结面积若少于90％则判定粘结无效，需重新施工。

④对于碳纤维布粘贴面积在100m2以上的工程，为检验其加固效果应与甲方设计协商进行荷载试验，其结构的变形等各项指标均应满足国家规范规定及使用要求。

⑤大面积粘贴前需做样板，待有关方面验证后，再大面积施工。为了确保碳纤维布与构件之间的粘结质量，基底处理首先检查要加圈的部位本身是否有空鼓现象，再进行表面检查，最后对不符合要求的部位采取相应的措施。

⑥严格控制施工现场的温度和湿度，雨季施工要有可靠的技术措施保证。施工工程如图3-79～图3-86所示。

图 3-79

图 3-80

图 3-81

图 3-82

图 3-83

图 3-84

图 3-85

图 3-86

图 3-79　加固施工（一）
图 3-80　加固施工（二）
图 3-81　内层构造
图 3-82　柱加固（一）
图 3-83　柱加固（二）
图 3-84　柱加固（三）
图 3-85　柱加固（四）
图 3-86　柱加固（五）

五、屋面瓦作

1. 铺望砖。旧望砖清刷干净，正面刷色，清水望砖淋白牙线。望砖铺设以檐口处向屋脊方向铺设。望砖应紧贴椽面。铺至桁条位置时，安装好勒望木，再向上依次铺设到屋背处（图3-87～图3-91）。

图 3-90

图 3-87

图 3-91

图 3-88

2. 筑脊。按照原形制进行砌筑。筑脊时应根据屋面的总面阔计算出盖瓦的行数和行距，找出中心点。"底瓦坐中"，相邻两盖瓦之间的间距6.0cm，依次间距铺排瓦片。3张底瓦，2张盖瓦，使脊下的脑瓦能均匀分布在屋脊。结束后，按屋脊位置带如双面水平线砌筑脊胎，嵌入脊胎内的脑瓦的坡度和高度应准确一致，为屋面整体盖瓦作出规矩。脊胎完成后，带线砌筑瓦条，并用鸭嘴抹子将脊胎两侧用青灰抹平，压实抹光，然后按照原形制分层、定位、拉线，以保证屋背的效果（图3-92～图3-106）。

图 3-89

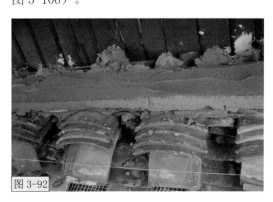

图 3-92

图 3-87　望砖施工
图 3-88　旧望砖基层
图 3-89　新望砖层
图 3-90　防水层
图 3-91　望砖结合层
图 3-92　围脊作（一）

图 3-93

图 3-97

图 3-94

图 3-98

图 3-95

图 3-99

图 3-93　围脊作（二）
图 3-94　围脊作（三）
图 3-95　围脊作（四）
图 3-96　围脊作（五）
图 3-97　屋脊作
图 3-98　垂脊作（一）
图 3-99　垂脊作（二）
图 3-100　垂脊作（三）

图 3-96

图 3-100

图 3-101

图 3-105

图 3-102

图 3-106

图 3-103

图 3-104

3. 盖瓦。所有屋脊完成后，最后进行整个屋面的铺盖瓦操作。旧瓦在南立面和东、西立面，不足部分在北立面采用收旧的盖底瓦。在屋脊的檐口部位，铺上 SPS 卷材，用木压条固定。铺瓦前，根据嵌入脊内脑瓦的行距，在檐口做出与屋脊脑瓦相对应的瓦行的标志。在屋檐的右下角开始自右向左、自下而上的作业方法，由于屋面坡度大，在檐口出檐处采用钉子固定。底瓦的搭接长度"压七落三"。盖瓦排列要紧密，外露 3cm 以内。瓦行间距保持均匀一致。盖瓦面侧面顺直，底盖瓦的顶面曲线光滑、顺畅。在檐口安装花边，滴水瓦牢固和水平整齐，出檐在 6cm 以内。最后，在山墙的边楞及檐口瓦头空隙处用纸筋灰浆抹好压光。如图 3-107 ～图 3-122 所示。

图 3-101 戗脊作（一）
图 3-102 戗脊作（二）
图 3-103 戗脊作（三）
图 3-104 戗脊作（四）
图 3-105 正脊作（一）
图 3-106 正脊作（二）

图 3-107

图 3-111

图 3-108

图 3-112

图 3-109

图 3-113

图 3-107　屋面作（一）
图 3-108　屋面作（二）
图 3-109　屋面作（三）
图 3-110　屋面作（四）
图 3-111　屋面作（五）
图 3-112　屋面作（六）
图 3-113　屋面作（七）
图 3-114　屋面作（八）

图 3-110

图 3-114

图 3-115

图 3-119

图 3-116

图 3-120

图 3-117

图 3-121

图 3-118

图 3-122

图 3-115　屋面作（九）
图 3-116　屋面作（十）
图 3-117　屋面作（十一）
图 3-118　屋面作（十二）
图 3-119　屋面作（十三）
图 3-120　屋面作（十四）
图 3-121　屋面作（十五）
图 3-122　屋面作（十六）

六、墙体、砖细、地面作

1. 墙体。原墙面的东立面、南立面与东、西其他建筑相接处，需局部拆除。拆墙时应按先上后下的顺序，依次拆卸。补砌用灰和砖的规格，要与原墙面一致。色泽接近，平整度观感良好。如图 3-123 ～ 图 3-133 所示。

图 3-124

2. 砖细。砖细的主要工作量是佛坛和前后廊的挂枋。前后廊的挂枋拆卸的重新安装，补齐损失的部件，保持其线条顺直。室内的砖细佛坛，需重新按传统风貌复原，外形花饰，外形尺寸均经设计、建设、监理方的认证后方可雕刻。雕刻工艺仍采用传统的手工做法，砖料和粘按色浆保持一致。

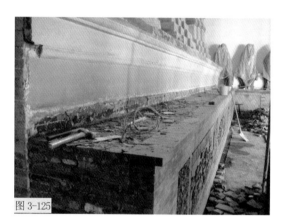

图 3-125

3. 方砖地面。按照原铺装的形式规格 350×350 复原，所有地砖新购。原基层修整后，铺一层灰土层，根据拴好的线进行排样，控制标高，铺设时先将方砖安放在灰土层上拍打严实，然后揭起方砖，在方砖的里面砖棱处抹上油灰，按原位铺好，然后用锤拍打，注意严实、平整、顺直，不断校正地面的水平度。仍然用薄铁皮将砖缝面上多余的油灰铲掉，再将砖与砖之间凸起的磨平。养护几天后，用打磨机磨平地面。最后，将地面擦拭干净。

图 3-126

4. 内部粉刷采用纸筋灰浆粉刷，外刷白水（图 3-134）。

图 3-123

图 3-127

图 3-123 瓦作（一）
图 3-124 瓦作（二）
图 3-125 瓦作（三）
图 3-126 瓦作（四）
图 3-127 瓦作（五）

图 3-128

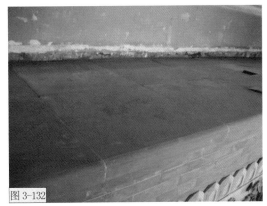

图 3-132

图 3-129

图 3-133

图 3-130

图 3-134

图 3-131

图 3-128　瓦作（六）
图 3-129　瓦作（七）
图 3-130　瓦作（八）
图 3-131　瓦作（九）
图 3-132　瓦作（十）
图 3-133　瓦作（十一）
图 3-134　瓦作（十二）

七、油漆作

油漆工程主要有国漆、调和漆两种形式，特别重视对基层清洗和腻子调制。本工程的檐口油饰采用了调和漆，柱及门窗采用了国漆。施工过程中，大木结构均在瓦屋面完成后即穿插进行。门窗及其他构件均在瓦作全部结束后进行施工，严格按照相关工序组织施工，并进行工序间的验收。如图3-135～图3-138所示。

图 3-135　油漆作（一）
图 3-136　油漆作（二）
图 3-137　油漆作（三）
图 3-138　油漆作（四）

八、电气、防火、防雷

电气、防火、防雷都有专项设计，施工过程中均按图、按操作规程、按规范进行分部分项施工。各种测试合格，并进行专项验收。

九、扬州市大明寺大雄宝殿木柱加固方案鉴定意见

（一）工程概况

大明寺是扬州现有历史最早的寺庙，也是全国重点寺庙。始建于南朝宋孝武帝刘骏大明元年（公元457年）。大雄宝殿是寺内主殿，位居中轴线牌楼、山门殿之后，坐北朝南，大三开间。总开间18.7m，其中明间6.1m，次间各4.4m，边间各1.9m。总进深16.2m，廊檐宽3m。复建于清朝同治年间，距今已近200年历史。同其他寺庙相比，大雄宝殿殿堂高，用料少，所以用三重檐来稳定大殿主体。现相关部门欲对其进行修缮，但由于该建筑物年代久远，历史文化底蕴深厚，且为文物保护建筑，为保证修缮工作的顺利进行，在修缮前对其进行检测鉴定，并根据检测结果提出相关的处理意见及解决方案。

鉴定专家组成员:

姓名	职务	签名
张志强	高级工程师,江苏省土木学会工程鉴定与加固专业委员	
李琪	扬州大学教授,全国土木学会工程鉴定与加固专业委员	
孟少平	东南大学教授,博士生导师	
刘荣桂	江苏大学教授,博士生导师	
钟文乐	泰州职业技术学院副教授	

图3-139

(二)　检查情况

根据鉴定检测报告(扬州意匠轩园林古建筑营造有限公司提供),基础未发生沉降,梁的绕度满足规范的要求,卯榫连接未发生拔榫现象。但存在以下问题:1. 原木柱在制作时含水率较高,其表面部分比内部容易干燥,而木纤维的内外收缩不一致,年久后由于木料本身的收缩而产生裂缝;2. 扬州市属于亚热带湿润气候区,环境潮湿,柱根部分已有腐蚀情况。

(三)　鉴定结论及建议

1. 根据《古建筑木结构维护与加固技术规范》(GB 50165—1992)中第1.4.5条规定,对该建筑木柱的材质,柱身损伤等进行检查及评定,发现已发生残损迹象。根据《古建筑木结构维护与加固技术规范》(GB 50165—1992)中第1.4.4条的规定,该建筑的结构可靠性等级评定为II级(承重结构中原先已修改加固残损点,有个别需要重新处理;新近发现的若干残损迹象需要进一步观察和处理,但不影响建筑物的安全和使用)。

2. 针对以上情况,建议对木结构柱采用以下处理方法:一、对柱根处裂缝先用木条嵌补并用耐水性胶粘剂粘牢,上部细小裂缝采用耐水性胶粘剂填实;二、用碳纤维布对全长进行粘贴加固。

3. 原则上同意江阴市建筑新技术工程有限公司出具的"扬州市大明寺大雄宝殿木柱加固方案",望施工单位认真做好"全国重点文物保护单位"扬州大明寺的加固与修缮工作。专家鉴定签字如图3-139所示。

第三节　大雄宝殿本次修缮大事记

2009年7月20日

扬州市发改委批准大明寺大雄宝殿修缮工程立项。

2009年8月21日

由扬州意匠轩园林古建筑营造有限公司设计研究中心对大雄宝殿-天王殿进行了测绘,历时7天。

2009年10月23日

由扬州大明寺主持召开大雄宝殿修缮咨询会议,邀请扬州文物、文史、古建方面的专家学者以及建国后历次修缮的相关人员。

图3-139 专家鉴定签字

2009 年 12 月 8 日

扬州市文物局组织了相关的专家对扬州意匠轩园林古建筑营造有限公司提交的保护方案进行评审。

2009 年 12 月 22 日

扬州市文物局批准了扬州大明寺大雄宝殿－天王殿的保护设计方案，并报江苏省文物局布批。

2009 年 12 月 31 日

江苏省文物局组织专家评审，批准了扬州大明寺大雄宝殿－天王殿的修缮保护设计方案，并报国家文物局布批。

2010 年 4 月 30 日

国家文物局批准了扬州大明寺大雄宝殿－天王殿的修缮保护设计方案。

2012 年 11 月 30 日

扬州大明寺举行了大雄宝殿开工典礼，扬州市有关部门的领导参加了活动，并举行了开工佛会。

2013 年 3 月 10 日

扬州大明寺能修大和尚，主持开工协调会议，设计、施工、监理方面的相关负责人参加了会议，会议批准了扬州意匠轩园林古建筑营造有限公司编写的施工组织设计以及脚手架施工方案和文物本体物件保护方案。

2013 年 3 月 12 日

正式开工，开始对文物本体物件进行保护以及搭设四周隔离设施。

2013 年 3 月 13 日

大殿外围采用钢筋双排脚手搭设，室内采用满足脚手搭设，室外采用密目安全网封闭。

2013 年 3 月 15 日

由扬州大明寺能修大和尚主持召开专

题会议，设计、施工、监理等方面相关负责人参加，讨论批准扬州意匠轩园林古建筑营造有限公司提交的安全、文明施工，用电、消防等专项方案。

2013 年 3 月 18 日

施工人员开始进行了揭瓦，拆除屋脊，施工技术人员跟踪进行测绘、照相。

2013 年 3 月 24 日

设计施工方对所有尺寸、物件规格进行复核，并对需要更换的物件进行编号、记录。

2013 年 3 月 29 日

对更换的物件进行制作。

2013 年 4 月 14 日

对木构架更换的物件进行安装，自上向下进行。

2013 年 4 月 3 日

扬州大明寺组织召开木柱加固方案讨论会，会议由扬州大明寺能修大和尚主持，扬州文物局、扬州大明寺、江阴市新技术工程有限公司以及设计、施工、监理方面的相关负责人参加。会议对采用碳火纤维布加固方案进行讨论，一致认为需进行专家鉴定后，方可实施。

2013 年 4 月 8 日

扬州大明寺组织召开鉴定会议，来自扬州大学、东南大学、江苏大学等院校的教授专家进行讨论，原则上同意江阴市建筑新技术工程有限公司出具的"扬州大明寺大雄宝殿木柱加固方案"。

2013 年 4 月 15 日

木柱加固进行施工。

2013 年 4 月 28 日

木柱加固完成，并进行了现场验收。

2013 年 5 月 2 日

开始进行三层屋面木基层修整。

2013 年 5 月 8 日

修筑三层屋脊。

2013 年 5 月 9 日

二层屋面木基层整修。

2013 年 5 月 14 日

一层屋面木基层整修。

2013 年 5 月 17 日

修筑二层屋脊盖三层屋面瓦。

2013 年 5 月 20 日

室内进行粉刷，铲除原有的扑刷，按原材料重新粉刷。

2013 年 5 月 28 日

一层屋脊，二层屋面盖瓦。

2013 年 6 月 14 日

一层屋面盖瓦。

2013 年 6 月 20 日

由大明寺仁戒法师主持，对所有屋面进行验收。

2013 年 7 月 3 日

室内地面基层处理，拆除原有方砖。

2013 年 7 月 15 日

室内方砖地面铺设。

2013 年 8 月 2 日

室内佛坛施工，拆除，按原样复原。

2013 年 9 月 2 日

油漆，电器工程结束。

2013 年 9 月 10 日

各项测试结束，包括避雷以及用电电阻测试。

2013 年 9 月 12 日

提交工程竣工报告。

2013 年 9 月 20 日

由扬州大明寺仁戒法师主持工程初验，设计、施工、监理方参加。

2013 年 9 月 26 日

工程组织竣工验收。

2013 年 10 月 18 日

国家文物局委托江苏省文物局组织专家组对工程进行验收。

第四节　项目实施活动照片

图 3-140　市领导了解大雄宝殿的险情
图 3-141　勘探前的佛会
图 3-142　建国后历次修缮的主要人员
图 3-143　扬州文物局组织专家进行方案评审

图 3-144

图 3-148

图 3-145

图 3-149

图 3-146

图 3-150

图 3-144 开工仪式（一）
图 3-145 开工仪式（二）
图 3-146 大明寺能修大
和尚主持开工仪式
图 3-147 扬州市宗教事
务局领导到会致辞
图 3-148 施工单位代表
发言
图 3-149 开工仪式活动
图 3-150 大明寺能修大
和尚接受采访
图 3-151 主持设计师梁
宝富先生接受采访

图 3-147

图 3-151

图 3-152

图 3-156

图 3-153

图 3-157

图 3-154

图 3-158

图 3-155

图 3-159

图 3-152 开工时法会
图 3-153 扬州市宗教局许明局长在开工现场指导
图 3-154 评审施工方案
图 3-155 讨论加固方案
图 3-156 能修大和尚检查施工现场（一）（大明寺提供）
图 3-157 能修大和尚检查施工现场（二）（大明寺提供）
图 3-158 工程验收会议
图 3-159 竣工验收接待日本客人（大明寺提供）

扬州风景

摘自《扬州名园》

第四章 工程结语

第四章　工程结语

第一节 工程结语

扬州大明寺始建于南朝宋孝武帝大明年间，历经兴盛衰退，咸丰年间寺毁于兵火，同治年间重修，现存建筑同治年间建造。民国3年、民国23年进行了修缮。新中国成立后，1951年、1957年、1963年分别进行了正常的维修，1979年进行了全面整修。它是集佛教庙宇、文物古迹、园林风光于一体的宗教旅游胜地。古往今来，高僧辈出，君王圣贤、骚人墨客、风雅名士曾云集在这里，积淀着丰富的中华文化内涵。它历次的营造与修缮保存着丰富的历史信息，其独特的风格不仅是中国古代建筑研究的重要实例，更是中国传统营造技艺与扬州地域工匠的技艺延续与传承的具体物质表现。

扬州大明寺抢救性保护工程是国家发改委拨款修缮的项目，国家、省、市文物部门、宗教部门十分重视，是文物保护工作中的一件大事。在各级相关领导及专业人士的共同协作下，坚持了"保护为主、抢救第一"的方针，是新形势下开展文物建筑保护工作的重要工程实践活动。

综合来说，扬州大明寺大雄宝殿修缮工程的实施有以下几个特点：

一、执行国家设计与施工验收规范，贯彻国家文物保护的方针和政策

由于目前有关古建筑修缮没有专项的规范，以及不同时期的规范、行业标准表述不一，因此在工程开工前，由建设单位主持，施工、监理、设计方共同研究并确定了适合本工程所使用的规范、标准和评定方法，从而保证了过程的有效执行和控制。在执行国家文物保护政策方面，严格按照《中华人民共和国文物保护法》及《文物保护施工管理办法》执行。一是原真性得到了有效贯彻，关注了不同时代的修缮信息，对工程的结构体系进行了有效的识别。对斗栱的地域特色做法进行记录，对不同时期的瓦件进行了认别以及灰浆调制的比较与分析，对收集和回收材料采用大料大用、小料小用及废物利用的做法，对海岛观音墙壁采取了最小的干扰。在施工

中严格遵守历史原真性，以不改变文物原状为原则，达到"整旧如旧"和"最小干预"的效果。二是在修缮拆除过程中，对文物建筑以及其构件均进行了二次勘察，查验了其各个时代的修复遗迹，认别了内柱加固、前后檐加廊等重要信息，并研究这些做法的原因。同时，对本次修缮更换的材料、瓦件均作出了相应的分类。

二、以数据化表述工程档案信息

以科学的探测方式，检测了结构变形的详细数据，是一份珍贵的史料，对传统工艺技术的传承十分重要。在修缮过程中发现的新的问题，进行了科学的分析，并报文物主管部门，邀请业内专家进行研究和论证。特别是按照法式大殿用料偏少，采用新技术加固的办法，不仅将大殿其中的重要的历史信息传承下来，同时还对不同时期的地方做法及工艺做法进行了翔实的记录。汇编技术资料档案不仅对今后的修缮有指导意见，更是起到了传承和弘扬传统技艺发展的巨大作用。

三、施工组织方案是控制修缮过程的重要文件

当前文保工程修缮工作，一般强调勘察报告以及保护设计技术方案，轻视施工组织方案方面，导致其还处于形式主义的状态。工程开工前，业主、文管部门、设计、监理单位以及相关专家会组织评审施工方提供的施工组织方案，经批准，方可按施工方案进行组织施工。在实施过程中还必须编写脚手、安全、文明施工、消防、用电等多项专项方案，均有效地指导了工

程科学有序地施工，使分部分项工程得到有效的控制，取得了良好的效果。

四、分部分项工程严格按照工序及工艺标准进行施工

工程立项后，在工程勘察、方案设计、项目招标、施工过程管理、竣工验收等各个环节，均严格按照国家建设工程管理的有关规定有序进行，所有隐蔽工程验收手续齐全，施工过程中实行样板引路，大样为准，强化工艺交底，注重"自检、互检、交接检"的质控基础工作。每周由监理方主持，建立由建设、设计、施工、监理四方的例会制度，增强有效沟通，密切合作，以保证工程优质完成，保持了原形制、原工艺、原风貌的特征。

五、各种试验材料检验试验合格，各项技术资料齐全

所有进场材料均有产品合格证，按照规定要求进行材料复验，如瓦件、卷材，收旧的材料现场有经验的师傅鉴定认别，灰浆的配比严格按原做法配比，并做好记录，确保各种材料合格使用。

六、新技术运用谨慎

一是由于该工程的木结构承重体系按照相关法式用料偏小，按照常规理论强度不能满足结构的安全要求，确定了其不同的加强方案，上报文物主管部门，经反复认证，与结构专家一致认为采用碳纤维加固方案，既保证了结构的精秀，又保持了文物的原状，也节约了费用。施工完成后，

我们一直注意观察。二是对屋面漏雨进行分析，通过检查原屋面漏雨的遗迹，最后没有采用满铺胶粘卷材，而是采用局部干铺用木压条固定，即在檐口部位进行了防水处理，解决事后瓦面下滑的问题。通过数项工程的实践，效果良好。

七、严格遵循工程施工周期及文明施工

工程开工前，按照施工组织设计的要求进行了施工场地围挡，并采取了建筑物外围封闭脚手架和室内的满堂脚手架，保证了大明寺正常对游客开放。工程施工过程接受了扬州市重大工程办的检查指导，深受好评，经相关部门考评为安全文明工地。施工周期安排合适，避免了夏、雨季施工带来的影响，如期完成了工程施工任务。

八、各种检测报告齐全，观感效果良好

工程施工过程中，对各分部分项进行了有效的数据检测，以在今后观察中关注变形情况。同时对避雷、电阻进行专项测试，消防进行了专项验收，不同阶段进行了白蚁防治。建筑工艺、形制、色质效果良好，得到了保持原状的效果。

九、严格控制修缮范围，有效节约投资成本

在实施过程中，设计人员不断深入现场，控制把握修缮内容，坚持大殿本体安全为前提，尽可能更换构件和扩大修缮范围，该换的构件一定换，可换可不换的构件坚决不换。通过加固、局部修补，有效控制了范围。工程完工后，比原设计方案的概算节约了 40% 的费用，从而保持原有的本真状态。实践证明，大明寺大雄宝殿工程采用科学、有效的方法进行了修缮，取得了良好的效果。修缮过程中及工程竣工验收后受到社会各界、专家、领导的好评（竣工验收证明附后，图 4-1）。2013 年 10 月 18 日，江苏省文物局组成专家组，对大雄宝殿现场进行了详细察看，查阅了相关资料，对本次修缮深入研究，注重数据，关注信息，对工艺传承和弘扬给予了充分肯定，认为此次修缮值得借鉴。

十、未尽事宜

本次修缮未对 20 世纪 90 年代歇山山花板上新开天窗进行整改，木柱油漆的大红色未进行进一步考证，以及地砖规格等问题，这将在今后修缮时进一步改进。

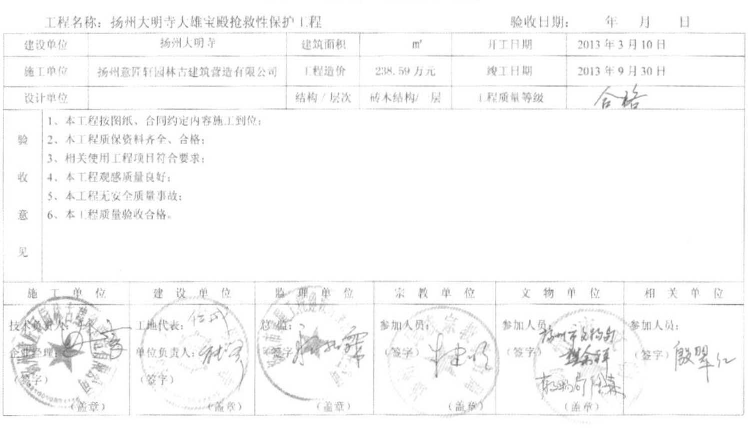
单位工程竣工验收证明书

工程名称：扬州大明寺大雄宝殿抢救性保护工程　　验收日期：　年　月　日

建设单位	扬州大明寺	建筑面积	㎡	开工日期	2013 年 3 月 10 日
施工单位	扬州意匠轩园林古建筑营造有限公司	工程造价	238.59 万元	竣工日期	2013 年 9 月 30 日
设计单位		结构 / 层次	砖木结构/ 层	工程质量等级	合格

验收意见：
1、本工程按图纸、合同约定内容施工到位；
2、本工程质保资料齐全、合格；
3、相关使用工程项目符合要求；
4、本工程观感质量良好；
5、本工程无安全质量事故；
6、本工程质量验收合格。

施工单位	建设单位	监理单位	宗教单位	文物单位	相关单位
技术负责人： 企业经理： （签字） （盖章）	工地代表： 单位负责人： （签字） （盖章）	总监： （签字） （盖章）	参加人员： （签字） （盖章）	参加人员： （签字） （盖章）	参加人员： （签字）

图 4-1

图 4-1　竣工验收证明

第二节　竣工后图版

图 4-2

图 4-3

图 4-4

图 4-5

图 4-6

图 4-2　建筑外观构造（一）
图 4-3　建筑外观构造（二）
图 4-4　建筑外观构造（三）
图 4-5　建筑外观构造（四）
图 4-6　建筑外观构造（五）

图 4-7

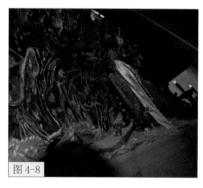

图 4-8

图 4-9

图 4-10

图 4-7 室内佛像构造（一）
图 4-8 室内佛像构造（二）
图 4-9 室内佛像构造（三）
图 4-10 室内佛像构造（四）

大明寺修缮建筑构件——佛像

图 4-11

图 4-14

图 4-12

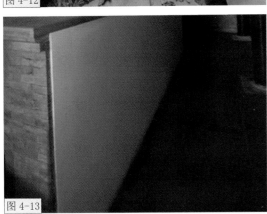

图 4-13

图 4-15

图 4-11 室内外构造（一）
图 4-12 室内外构造（二）
图 4-13 室内外构造（三）
图 4-14 室内外构造（四）
图 4-15 室内外构造（五）

大明寺修缮建筑构件——铺装

图4-16　木结构构造（一）
图4-17　木结构构造（二）
图4-18　木结构构造（三）
图4-19　木结构构造（四）
图4-20　木结构构造（五）
图4-21　木结构构造（六）
图4-22　木结构构造（七）
图4-23　木结构构造（八）

大明寺修缮建筑构件——木构件

图 4-24

图 4-25

图 4-26

图 4-27

图 4-28

大明寺修缮建筑构件——屋面

图 4-24 屋面构造（一）
图 4-25 屋面构造（二）
图 4-26 屋面构造（三）
图 4-27 屋面构造（四）
图 4-28 屋面构造（五）

图 4-29
图 4-30
图 4-31
图 4-32
图 4-33

图 4-29 砖构造（一）
图 4-30 砖构造（二）
图 4-31 砖构造（三）
图 4-32 砖构造（四）
图 4-33 砖构造（五）

大明寺修缮建筑构件——砖细

附录

附录1 修缮史料摘录

大明寺残碑

［南唐］佚名

石高一尺六寸，广一尺八寸七分，二十四行，行约二十六字，正书，碑今久毁坏，兹据《金石续篇》录入。

唐东都江都府江都（下缺）

界曰娑婆劫名贤善释 □□□□□□□□□□□□□□□□□□晋儒风大扇文动阃中之□□□□□□□□□□□□□□□□紫文皆戛玉武尽□金为□□□□□□□□□□□□□书堂师之□也师有弟讳道□□□□□□□□□□□□投师龙兴巾瓶执事苦心干节讽诵□□□□□□□□□□尔后住寺法云缁徒觉观名扬上国位极□□□□□□□当其弟一补以科名□录奏，闻□□□□崇□□□□□□□衣盂好行惠施甲辰光店□□饥民□□□□屡□□□□□□之功师舍壹佰伍十金于寺西南隅主公疰□国□□□□□作笔窆之所朝昏夜月春来而松槚飕飚□□□□□起□□□□□晨钟夜角□诵无闲漏水更阑心□十利□□□济□□□□□月比高墙堑缁门笙簧柱础师孙五人义□义修义□义□义□义□节操冰霜终而复始师之法胤也化无有尽秽境潜抛俗年九十有□不宁迥入禅扉凭于机案止于申后净土栗圆俄尔缘终□□异□□□于兹山泪掩门人心摧徒众同悲增信其泣入神是以表旌方□□师之终也方陈劫石用记纪纲奉命真书□为铭曰

山俗爱缠永抛业缘不往□宅便弃连绵旋归旧址请住法云院号大悲止今有文昊祖建寺选名秤平奏闻金阙请在大明性便布施不顾衣盂未省爱憎丰盈四衢有为不住逡速何苦故立往生园留今古浮图巧妙地久天长层显焕峥嵘难量

唐保大七年岁次己酉四月二十一日记

《金石续编》跋云，按大明寺碑，因修寺得于土中，前半已齾（yà）缺，铭文尚完好可诵。前书唐东都府江都，后书保大七年岁次己酉四月二十一日。考《宝祐志》云，大明寺为古栖灵寺，在县北五里，以其在隋宫西，又名西寺，寺有浮图九级，隋仁寿元年造。杨行密时，寺易名秤平，寺与塔盖已复建矣。唐初以江都郡为南兖州，一改为邗州，再为扬州淮南道，至行密僭位吴王，都扬州，始号江都府。南唐徒都金陵，置东都于扬州，而扬州为江都府如故，江都县名亦不改，碑题江都府江都县，正与史合。至碑文骈体，字迹雅润，颇似香积寺碑云。

（编者注：上文转录自民国《江都县志》卷十五《金石考》。为保持《残碑》原貌文字，未加标点。《金石续编》，清代王昶编。）

重修大明寺碑记

[明] 罗玘

距扬郡城西下五七里许，有寺曰"大明"，盖自南北朝宋孝武时所建也。孝武纪年以大明，而此寺适创于其时，故为名。宋主奢欲无度，土木被锦绣，故创建极华美。垂至于唐，陆羽于此烹茶，味其寺之泉水为天下第五品，载在《茶经》可考。及阅都官员外郎梅圣俞《尧臣文集》内赋。有曰："芜城之北大明寺，辟堂高爽，趣广而意庞"，又《诗》之乱曰："此景大梁无"，则其旧规之观，美可窥矣。然历世既久，遂为瓦砾牛羊墟，过者兴慨。景泰间，有僧曰智沧溟者，本真之武弁裔，少慕禅宗，投礼冲彻堂禅师出家为佛弟子。天顺间，北游五台，回抵于扬，偶适野，见摘星楼西、平山堂东，中有空隙地，约广数十亩，厥土燥刚，厥位面阳，厥地孔良，放生池环于左，清平桥横于前，若遗址也。启请郡守三原王公宗贯、卫使李公铠、徐公清辇，乃结小庵以栖于上，不逾月，夜梦一神人指示之曰："某有井，井有藏"。循其处而发之，果得古井，内有残碑一方，上有"大明禅寺"数字，人自是始知为古刹，其出于神授如此。四方博雅嗜义之人，悉捐金赀，为法堂五间，东西庑各数间，庖湢库庾，以次粗备。越弘治癸丑，关陕诸嵯客，始建大雄殿，设立金像，规模甚宏伟，而智沧溟寻示寂矣。厥徒镇大方嗣其绪。至乙丑岁，复建天王殿五间，而大方亦故。今孙广胜主焚修焉。于正德丁卯建伽蓝祖师一殿，盖自是始称备矣。夫胜地古迹湮没几数百年，而恢复于祖孙相绳之三，厥功懋矣。然非轻财者乐为之助，其能告落成也哉？固宜砻石纪名，以垂永久，此主僧所以为请也。矧大明之名，肇于先朝，若不以为重也。今皇祖启运，国号适同，甘泉一脉，豁然流通，岂非天意有在，以翼我国祚亿万年无疆之麻也耶？杨志成于他郡人之手，此寺在所弗载，诚为缺典，使非照证于先贤之遗迹，则亦无所据也。今以久湮之废绪，为岿然之达观，与摘星之楼、平山之堂，并峙蜀冈之巅，以为扬望，诚未宜泯也。余起复过扬时，尝与江都丞曾英予、门人叶如栾辈登眺，饮泉水于其间，于时尚草草也。今越二十年矣，而此寺规寝备，余忆旧游，临文不觉怃然。

重修大明寺记

［明］叶观

　　广陵为江淮之都会，故多胜迹，值宋元兵火之余，其存者仅十之二三耳。考之南北朝，有寺曰大明，湮没久矣。天顺间，僧名智沧溟者于郡城西五里平山之原而得其遗址焉，遂出囊赀，延檀越而重建之。殿宇崔嵬，门廊秀拔，泗水通流，江峰迭翠，诚胜境也。岁久荒颓，其徒干谒而无缘，光禄署丞火君文津一旦慨然曰："余承先人之业，资其所费，以增山川之盛，不亦可乎？"遂捐干金葺之。辟山门之隘者三、易栋宇之腐者百，广殿之前檐以轩，凡五楹焉。左右建钟鼓二楼，东西立门二座，所以豁登览、洞出入也。见其山旷衍平伏，谓欧阳文忠公所建平山堂在其右而久倾，遂扁其前庭曰平山堂。饰之青绿，施之文彩，所以昭先贤之佳况也。门之外有井，为古之第五泉，乃浚之，立亭其上，复建廊房十四楹于方丈之右，以为僧之栖止，视沧溟所创，规模宏丽矣。督工者户侯张西楼玺也，僧感其德，走竹西草堂求荒文以纪之。观有感而言曰：美哉！火君之举！余昔登其山而游览焉，水光东注，山色南浸；云霞远叠，绿野平临；鉴楼左峙，乡祠右回；邗江透前，盱山拥后；莺花明媚，林木郁葱；白月皎野，瑞雪铺琼；凭高眺远，四时可娱之法界出。今复葺而新之，其郡之丽景何加焉？余尝谓其先人乐山公之种德崇俭，善于积财，而文津好义喜施，善于用财，克家之庆也。噫！非乐山之善积，无以成文津之美；非文津之善用，无以显乐山之名。《易》曰："考无咎"，文津以之。因纪其概，以为后之尚义者劝。

重修平山堂记

［明］赵梡极

郡城之西，逶迤而亘者曰蜀冈。冈自西来，直走千里，隆隆隐隐，若奔若赴，而郡承其委。冈拔地可百赴，而其魁然冠之，构为平山堂。前郡守庐陵文忠先生创而颜也。后先生五百余年，乌程吴公领郡事，吴公号平山，与堂名适符云。夫扬故都会，然区区一薮耳，非有京洛之雄踞、吴越之郁葱，乃四方啧啧称胜地，则徒以兹堂重；而兹堂以庐陵先生重。兹堂之当兹郡也，质也，吴公莒人，亦何所当于兹堂，而平山为公号，固不能逆持数十年之左券，他日错采标最，必扬是守；庐陵先生又岂能逆持数百年之左券，异世一新兹土，非他人，必公也。为公之符堂名耶？为堂名之符公耶？其有天合、有冥契，吾无以知之矣。大都尤物之物，震俗之行，必无偶然会逢者。公下车多所擘画，总之抒独见、破拘挛，于民薪必利而不惮虑，始卒之峙储练武，不三月竣；疏滞凿埋，不五月竣；增城雉，缮完诸官廨祠宇，不七月竣。又以其余，封台浚沼，时偕里氓田媪，且游且息。语云：君子信而后劳其民，不信则以为厉己也。公以数大役一旦蓁兴，而民恬然若以为固然，输财输力，不驱追赴若流水，此尼侨不辄得于鲁郑，公独何异于扬哉！窃计公丹诚素节，屹然如鲁灵光，有庐陵之风裁；剔蠹开利，指顾立办，有庐陵之经济；雄词正脉，横绝作坛，有庐陵之文章；一典文衡，宇内名杰，毕入网罗，有庐陵之鉴识；公事湖山诗酒泉石，有庐陵之风调。则公盖庐陵之神再降而福星兹郡，郡之民沐公之遗泽而更奉其新程，五百余年若旦暮遇之，又奚以征而发、戒而赴，必信而后可劳耶？天下唯人心为最神，余于是知公之生不偶，公之莅扬尤不偶，一名堂于五百年之先，一自号于五百年之后，各不偶也。公把酒登兹堂，颜翰淋漓，恍然故物。一时僚属，泊诸士夫，奇其事，且感公德政，可藉是识不忘，各捐赀为葺而新之。

平山道弘禅师修创栖灵寺记

［清］孔尚任

栖灵寺在扬州之蜀冈，即宋孝武所称大明寺者。其兴废莫可考，大抵皆隋之别馆改而成之。夫隋之别馆，竟不沦为榛莽，则寺有功。虽然，寺已寺矣，与隋何有焉？寺之西偏为平山堂，则六一公守郡时所筑，后贤嗣而葺之，今尚巍然。凡四方之游者，因寺而及堂，则寺有功。虽然，寺自寺也，与堂何有焉？余出使时，数过其间。寺僧道弘禅师必出笋蕨，留余久谈。余问所为风台、月观、萤苑、雷塘，已莫知其处，又问堂前之杨柳、壁上之龙蛇，犹仿佛可睹焉！乃叹隋氏之繁华不能保，而存其迹于寺；欧苏之风流不可起，而附其胜于寺，则寺乌得为无功？况禅师了悟一切，又能为诗，人与地宜，故不惮毕力修之。自辛亥继席以来，凡殿宇、塔院、斋堂、厨库，寺应有者，遂无不有，盖百有余楹矣。夫蜀冈故无松，师觅松秧万本，高下栽之，郁郁森森，望若深山。寺故无梅，今庭院交荫，宛转如画，不知隋氏盛时，其富丽若何？觉欧、苏文采，尚呼之欲出焉。今上南巡，两幸平山，御书"怡情"二字，亲赐禅师，盖不止赏其地，并亦赞其人矣。今建有诸天宝阁，乃悬书之所也，寺之盛未有盛于此时者，实师之力居多云。师名德南，号介庵，道弘其字也。俗为江都胡氏子，乃文定公之远裔。明末，扬州被兵，怵惕弃家，投江西赣州善庆庵，受宗旨和尚剃染。岁丁酉，随和尚来栖灵寺，未三载，和尚示寂，师主持院事。癸酉，造方丈成，善信请居新室，始上堂结制说戒。丙辰，郡城士大夫请住惠照，入院修葺，未几，复归平山。自庚午夏六月，请本郡绅衿护法交常住与法嗣丽杲西堂，继住方丈，师退居吉祥禅院。师乃洞山三十一世之正传，破闇灯和尚之嫡孙，受宗旨和尚之法嗣也。余儒家流，不解师之渊源，因平山为余旧游地，师为余方外友，其弟子丽杲亦能诗，跋涉来都，谆切嘱余，乃次其所述者如右。

重修栖灵寺并建地藏殿诸天楼碑记

［清］赵有成

　　广陵旧称江淮都会，负其胜而名著天下者得平山之栖灵寺。寺址去县治五里许，渡红桥北折而西，踞蜀冈之巅，江峰罗列于前，淮水环绕于后，东则有功德山迷楼屹于左，西则有先达祠宇司徒殿阁映于右，五泉甘冽，三山缥缈，实为一郡巨观。而远黛浮岚、塔峰沙岛以迄两城廛市，万户烟井，一盱衡间，了如指掌，古今都人士之凭吊者，皆于兹山称最。按《大观图经》：寺塔建隋文帝仁寿元年，诏海内立九层塔三十所，此其一也。后以火毁，景德元年，僧可政募民财，复建七级塔，名曰多宝，闻于朝，有泗洲大圣示现，火之后，修丁明天顺年，禅师沧溟复辟于万历年。太守吴公述其寺之称名并创建始末，有欧阳公《大明水记》、陆羽《茶经》、谪仙、工部、香山、东坡以及历代名卿硕彦之诗赋、王郡守化基之塔记、罗学士、叶中宪观、赵司李棋极之碑记、并郡邑志之记载详矣。迨经兵燹后，僧徒星散，以至山虚梵冷，谷静钟寒，风流既邈，名胜寝湮。而香台藻井，竟变为燐火烽烟；其画栋层檐，尽摧于樵夫牧竖。并不闻游人响屧，时惟见将军牧马而已。岁甲午，余与星垣弟读书寺之前山法海僧舍，时同凭吊，欲更新之而未逮也。丁酉春，召主僧佛生、佛霭，谋集郡诸缙绅耆老，请于郡守傅公哲祥出书，公延受宗旨和尚，乃曹洞三十世之正传，立十方丛林，为此山开创祖庭之始焉。寺两隅数楹，余额其楣曰"狮子窟"，为受和尚函丈地。自是，辟地址、垦草莱、修其颓败、葺其倾圮，升堂说法，四方星棋云集，初立禅规，而兹寺之草创成矣。未三载受公示寂。何尺竿始进，忽只履西归。岂惟十方檀越、惆怅良因；直使八部天龙，徘徊善果。赖法嗣道弘南和尚受先人遗嘱，乘其愿力，坚志继述，请郡先达曼仙陈公为之疏。募愿既坚，道力益固。士民向风，施财资助者甚众。殿宇廊庑，轮奂一新。像设庄严，种种美备。及地藏殿成，而山门复旧。由是祖祀有堂、安禅有室、延宾有寮、种蔬有园、饭僧有田、贮供有库，开接众道场以待往来缁素。而晨昏之钟鼓备焉、六时之课诵严焉，云水之徒从而栖止者，日常百指，寺之规制，得道公渐整矣。道公既为曹洞祖庭开辟之肇始，嗣其席者则有丽杲昱和尚，复乘愿力，募建诸天楼。楼成，丐余一言为之记。嗟乎！山寺今复得还旧观，虽山川地脉风会使然，安在非法席三公之愿力感召于天人者，有不可诬也哉？余自都门谒选归里，为之记其事，详其始末，勒石寺阴。俾后之主兹山者，不得紊乱法规，更令后之继席者，无忘所自。而顾名思义，共报君师之恩，以达前人之志，为法门柱石焉。至受公道行白有语录，及笁侍御之法源序、家太守伯兄之塔铭在。方今圣人御宇，佛日再中，即寺之成，以为教化养瞻之藉，不独山灵增重，或亦扶持世道人心之一助欤？爰乐为之记。

栖灵寺塔基记

[清] 汪应庚

余筑云盖堂于栖灵寺之左，旁治地得古砖坚厚者无数，因立柱础为匠人所碎，其下深不可动。憎走告余，余曰："此即隋所建塔基也。"明陆无从邑志引《大观图经》云：隋文帝仁寿元年，以诞辰诏海内清净处立塔三十所，此其一也。又《释氏通鉴》引《弘明集》云：隋文帝龙潜时，有梵僧授舍利一裹，曰："他日为普天慈父，此大觉遗灵，留与供养"。帝尝与迁师各置掌而数多少不定。迁曰："佛身过数量非世可测"，帝作七宝箱贮之。至仁寿元年下诏曰："仰惟正觉大慈，津梁庶品，朕皈依三宝，思与四海共修因果，宜请大沙门三十人，各将侍者二人，散官一人，薰陆香百二十斤，分道送舍利往岐、雍、泰、华、嵩、衡等三十州建塔，每州三百六十僧，为朕臣民七日行道，任人布施，十文而止，普听设斋。十月十五日午时同下石函。总管以下，非军机停常务七日，检校行道，务尽诚敬。"六月十三日，帝奉舍利置御案，与沙门烧香礼拜，愿弟子常以正法，护持三宝，救度众生。乃置舍利于金瓶，以琉璃瓶盛之如是者三十。沙门各奉而行。各州总管诸官夹道步引，四部大众，威仪齐肃，幢盖台辇，种种音乐，围绕赞呗。沙门倡言：至尊大慈，分布舍利，共天下同化善因。又引经文，种种方便诃责教导，乃读文曰："菩萨戒弟子皇帝杨坚敬白三宝，弟子蒙三宝力，为苍生君父，今布舍利起塔，愿为众生忏悔众罪。"大众闻言，咸发诚誓，从今以往，修善断恶，虽屠猎残贼，亦躬念善。舍利将八函，沙门高奉宝瓶，巡视大众，共睹光明，哀恋号泣，声响震地。凡安置处，悉如之。帝在大兴殿西南，执圭而立，延请佛像及三百六十沙门，幢盖香花，赞呗音乐，自大兴善寺来居殿堂，烧香礼拜，降御东廊，率文武百僚，素食斋戒。帝曰："佛法重兴，必有感应"，后处处表奏，皆有瑞征。据此，梵僧大觉遗灵之言，则寺以栖灵名，当即建于造塔时。是时，晋王方为扬州总管。《宝祐志》云：以其在隋宫西，故名西寺者，从后言之也。塔建于隋仁寿，毁于唐会昌，重建于宋景德，后复毁。自宋迄今，凡六百余年，而遗基尚存，意石函舍利当在其下。余建斯堂，适当其处而知之，因考其颠末详记之，以念来者。

重建平山堂记

［清］魏　禧

平山堂距扬州城西北五里许，宋欧阳文忠公所建。公守郡时，当庆历末，天下太平，公治尚宽简，故获兴是役，与宾僚饮酒赋诗其中。今六百余年，废兴不一。至于荡为榛芜，盗据为浮屠，而其地以公故，益名于天下，登临者慨然有岘首之思焉。扬州古称名胜，然绝少山林壑之美。城以内惟康山一阜，岘三面见邗水，外则平山堂，望江南诸山最畅。康山既屋，而平山又久废矣。自堂建后，扬州数遭兵祸，至绍定初，历一百八十有二年，而李全之乱，犹置酒高会于平山堂。岂斯堂幸免兵火，抑毁废复有贤者修举之耶？今观察金公前守是郡，政既成，慨先贤之不祀，郡之最胜地久废，与乡大夫汪君蛟门谋廓然新作之，不以一钱会诸民，五旬而堂成。有堂有台，其后有楼翼然，以祀文忠公。轩敞钜丽，吐纳万景，视文忠当日，不知何如？而观察公化民善俗之意，亦因可以推见矣。盖扬俗五方杂处，鱼盐钱刀之所辏，仕宦豪强所侨寄，故其民多嗜利，好宴游，征歌逐妓，衒衣媮食，以相夸耀，非其甚贤者则不复以文物为意。公既修举废坠，时与士大夫过宾饮酒赋诗，使夫人耳而目之者，皆欣然有山川文物之慕，家吟而户诵，以文章风雅之道，渐易其钱刀驵侩之气，而扬土洿曼平衍，惟此山差高，足为用武之地。公建堂其上，又习以俎豆之事，抑将以文章靖兵气焉！公名镇，字长真，浙之山阴人。丁巳仲秋，余客扬州，公适自江南来摄盐法，乃停车骑，步趾委巷而揖余，以记见属。余惟康山以康公海得名，平山堂以欧阳公名天下。嗟乎！地以人重，公其自此远矣。

修复平山堂记

［清］毛奇龄

　　平山堂踞维扬之胜，冈峦竹木，荫映四野，相传六一守扬时，公事之暇，率宾朋宴集歌咏其内，足以逶巡数世，历历可纪，而其后不能继也。夫天下兴废多矣，考之六一去扬，其距建堂时，相去未远，然当婺川刘公来，而六一送之，其缱绻故迹，屈指年岁，恋恋于所为，庭前手植，而丁宁浩叹，一若弹指之顷，早有古今盛衰之感生乎其间。暨东坡再来，三过平山，乃复徘徊凭吊，托诸梦寐，犹后此者也。盖物盛则衰随、事兴而废踵，理有固然，而第当循环递至，则湮废已久，将必有人焉为之兴复；而方其极盛，亦遂有起而持其后者。乃堂介浮屠，左右蔽亏，始未尝不相为倚恃，而其后堂既废，而浮屠独存，然且故址昭然，迟久未复，余尝过其地而悲之。今太守金君自汝南来迁，重守是邦，计之有宋庆历间，相去甚远，且治扬甫匝岁，即复迁江南副使，仓卒引去。又其时，适当六师张皇、禁旅四出之际，往来仓猝，日不暇接，乃登临感慨，毅然修复于所谓平山堂者，是岂仅为游观地哉！盖亦有感于前人之所为，而兴而废，废而复兴，汲汲以成之，惟恐后也。余乡兰亭自永和修禊传之迄今数千年间，废日多而兴日少。当君守汝时，汝无名迹，然犹考淮西旧碑，勒段韩二公文于碑之阴、阳，而覆之以亭。盖古今贤哲风流相映，非偶然者，第堂成命酒、宾朋歌咏，已非一日，而余以访旧之余，续游其地，不期月间，一若宾主去留，后先顿异者，昔人所谓登斯堂而重有感也。堂以某年某月成，越一年，乃始饮于堂，而属余为记。

修复平山堂记

［清］宗　观

堂因蜀冈之胜，带郭面江，扬之土无山，江南山皆其山也。计创始于欧阳文忠公，距今六百余年，中间更废兴者屡矣。而废之久且尽，莫甚今日。寺僧即其址为殿宇，举向之敧楹危槛，参峙于龙蛇漫患者，湮没无留，而平山堂之名亦亡。登临凭眺之士，缅想乎流风余韵而力弗任焉。康熙十二年癸丑，山阴金公来守兹郡，汪舍人蛟门从京邸以重构请，公额之。会到府，军兴旁午，羽书四至，不暇及也。阅数月，政成时豫，乃偕宾客，具舟楫，寻六一高踪，则栖灵寺矗然壁立，重垣周固，山光隐见瓮牖，目不及舒。公喟然曰："湮前哲，废后观，伊谁责耶？"维时略基址、审面势、程士物、材用、具糇粮，量功命日，弗亟弗迟。居人或不知有工筑。始至而堂巍然，五楹中敞，廊庑洞达；再至而楼屹然；又至而门庑，甃甓次第完具。于以见天之旷、气之迥、咏山色有无之句，凡亘属萦纡，出没浓淡，以效奇竞秀于兹堂之前者，始还故观。游者恍然如寐而醒，既成以燕远迩，欢极而贺曰：自公之来也，使我不惊鼓、不苦扉屦、不烦讼狱，州士女既安其简且静，谓我公亦宜有游观之美，以休其暇日，几不知堂之所以始矣。嗟乎！废兴成毁之相寻，一视乎人，人去则无传，以人传人，则传无穷。余既叹名贤之迹，历久更新，非浮屠之术所能夺，又念我公所居之势，较诸庆历以来，丰亨无事，得以极山水宾客之娱者，难易殆有间矣。故书之，以告后之来游者。

重修平山堂记

［清］尹会一

　　自古地以人重，扬州四方都会，绝少山林。城之西偏，陂陀曼衍，有堂翼然。自宋欧阳文忠公守郡时建，至今以平山特闻，中间屡历兴废，且七百余年矣。圣祖南巡，尝临幸焉，既御书"平山堂"、复赐"贤守清风"额，盖不独重公之贤，亦所以风厉守土之臣，意至深也。使者壬子夏来守是邦，登堂肃拜，天章烂然，震耀心目。逾年，擢司转运，又三年，简命视醝，公余一载过之，时乡大夫汪君应庚以斯堂见圮，蠲赀修缮，整崇阶、植嘉树、浚第五泉、新其亭，周山种松十余万，蓊然蔚然，非复旧观矣。余尝念维扬古称名胜，然何逊东阁、昭明选楼、徐湛之风亭、月观，访其遗墟，荒凉灭没，而斯堂屡更兵燹，每废辄兴，久且益胜，公之灵在焉，不可得而泯也。若夫堂之左为栖灵寺，唐时塔毁于火，汪君即故址建藏经楼，其后则观音阁，前廊置寮舍以饭僧，皆因堂及之者。已复以公命堂意，筑为平楼，绮疏四辟，遥眺南徐，水气横浮，万山拱揖，设起公于今，当复与宾僚觞咏，顾而乐之，愧余未获赓其余韵也。於戏！扬人士拥高赀、侈豪举，固所时有，汪君以力敦善行闻于朝，尝即其家拜光禄少卿，观于斯堂，乃亦为增胜。盖先皇之宠锡，贤守之风流，山川文物相辉映，讵邀游选胜云尔哉？汪君其知所重出矣。

重建平山堂记

［清］汪懋麟

　　扬自六代以来，宫观、楼阁、池亭、台榭之名，盛称于郡籍者莫可数计，而今罕有存者矣。地无高山深谷，足恣游眺，惟西北冈阜蜿蜒，陂塘环映，冈上有堂，欧阳文忠公守郡时所创立，后人爱之，传五百年屹然不废。康熙元年，土人变制为寺，而堂又无复存焉矣！扬在古今号名郡，僚庶群集，宾客日来，所至无以陈俎豆、供燕飨，为羞孰甚？而老佛之宫，充塞四境，日大不止，金钱数千万，一呼响应，独一欧阳公为政讲学之堂，亦为所侵灭，而吾徒莫之救，不亦甚可惜哉？！堂初废，余为诸生，莫能夺。六年释褐，与余兄叔定为文告守令，将议复，又迫于选人去京师五年，而兹堂之兴废，未尝一日忘也。十二年秋，山阴金公补扬州，余喜曰："是得所托矣！"金公诺，至郡，废修坠举，士民和悦，会余丁先妣忧归里，相与蓄材量役度景于明年之七月，经始于九月，告成于十一月，不征一钱、劳一民，五旬而堂成，公置酒大召客，四方名贤，结驷而至，观者数千人，赋诗落之。会公迁按察驿传道，移治江宁去。明年春，公按部过郡，又属余拓堂后地，为楼五楹，名真赏楼，祀欧阳公与宋代诸贤于上，皆昔官此土而有泽于民者。堂下为公讲堂，左钟右鼓，礼乐巍然，所以防后人，不得奉佛于斯也。堂前高台数十尺，树梧桐数本，旧名行春之台，今仿其制，台下东西长垣，杂植桃李梅竹柳杏数十本，敞其门为阀阈，广其径为长堤，垣以西，占松蓊翳，松下有井，即第五泉，覆以方亭，罗前人碑石，移置其上，是则平山堂之大概焉。为用二千四百四十八两六铢、为工万有八千五百六十、为时周一岁，资出御史、转运、太守、诸佐令、乡士大夫、淮河诸商，而百姓无与焉。任土木之计者，道人唐心广，劳不可没，例得书。噫嘻！平山高不过寻丈，堂不过衡宇，非有江山奇丽，飞楼杰阁，如名岳神山之足以倾耳骇目，而第念为欧阳公作息之地，存则寓礼教、兴文章，废则荒荆败棘，典型凋落，则兹堂之所系何如哉？余愿继此而来守者，尚其思金公之遗意，而吾郡人亦相与保护爱惜则幸矣！因勒此以告后祀。

重修平山堂记

［清］金镇

　　余莅扬，值军兴伊始，征调旁午，数月始得整理废坠，稍稍就绪，偕郡之贤士大夫觞咏蜀冈之上。感平山堂之毁为僧寺，与汪舍人蛟门暨同游诸君将谋复之也，既为文述宋欧阳公治郡政绩，以其余力，创为是堂，及今之既废而宜复之意，以语共莅兹土者。视旧址迤西，又辟前后隙地二亩许益之，度材量费，上自巡蓅侍御暨僚属大夫，其心同，其言乐，以九月经始，岁终迄成事。木石坚致，黝垩鲜彩，轩檐既启，江山欲来，五百年之壮观，一朝顿复。适余奉命视邮政江宁，喜其将去而落成也。复偕诸君子登山置酒而乐之，郡之父老，既欢既喻，士女奔凑，攀崖扪级来观者不绝。是时，适携李曹司农至，首为五十韵长句纪其事，凡郡之缙绅学士及四方名流，无不契宫徵、敲金石，效奇呈美于兹堂之上。论者渭与苏、王、秦、刘诸贤之唱和不相上下，而惜乎余非欧阳公其人也。夫一堂之兴废，微耳！然人情欣欣，若以为事之必不可少者，何也？方今东南不幸多事，吴越之郊，一望战垒，民负楯而炊，惴惴不能终日，扬以四达之衢，吾得与二三子保境休息于此，里门晏开，守望不事，四方之结毂而至者，指为乐土，此非大幸耶？当此之时，而使前贤之名迹，缺焉湮没，至废为梵钟灯火之场而不恤，既非所以称为民父母之意，揆之人情，亦必有郁然不乐者也。以余之德薄，所以能使一时之争，劝其事而欢乐其成功者，凡以顺人情之所欲为而已。然为此于万难倥偬之际，比之前人创建之日，其势尤有不易者，非诸君子之协力交赞，即余亦何能藉手告成哉？是皆不可以无记也。

重建平山堂记

［清］蒋超伯

　　岁丙寅，超自潮阳移守广州，时丁雨生都转衔命来粤，濒行，超以平山为请，都转欣然。迨抵广陵，旋迁苏藩而去，超怅惘者久之。己巳春，今都转方公自广移淮，百废具举。以斯堂为欧苏遗迹，锐意营之，具糇粮、程土物、称其畚筑、稽其版幹，既成之后，厅事雄屹，谲廊曲榭，乔林石阎．涌现于峭蒨青蒽之间，自下而高，廉级弥峻，由左而右，碱阤孔臕，有屋九筵，若为斯堂之后劲者、东坡所憩之谷林也；若修虹互空、毘庐示现，杂花绮错于庭际者、重搆往时之平远楼及洛春堂也；有泉涓涓，沫珠涎玉，喷薄于岩窦中者，即古塔院西廊第五泉也。于戏！可谓壮观己！超尝检敄籍求之，堂始于宋庆历八年，越十七年，郎中刁公约撤而－新，南渡暨汪刑部懋麟诸君鼎而新之。自是而后，叠加崇饰，益廓且大。然是役也，视康熙初为倍难。方国初王师渡河而南，诛不顺命者而己，其余安堵也。顷者，粤贼之祸，文武官署则悉燔矣；商民廛次，则悉摧矣；唐园徒林，则悉赭矣；工师匠伯，则悉系垒之为沟中瘠矣；稽故址则无尺瓴寸甓之遗；简物料则踊什百倍蓰之贵。守土者修明学校，安妥山川，四郦之神，犹且弗给，而况其余乎？自公之来，禹笔岁溢，出其余力，复营斯堂。量功而命日，弗愆于素；浚渠而除道，有益于农；崇朴而去华，无侈于旧。益公于民生休戚，醛纲肯綮，一一旁通曲达，故措之尽善，恢恢乎并不见为劬也。抑余犹有说焉，夫是堂之在宇内，大泽之垒空耳！然景陵纯庙，赐诗赐额，星云糺缦，与天无极。公是役也，所以兴村人忠敬之思，四方之宾与乡之士大夫献酬雍容，来游来集，所以示闾阎礼让之教。自宋以后，扬帅夥矣，公独于欧苏两贤，拳拳致意，所以坚士林景行之怀。役不防耕，费不出氓，金碧弗加，京陵必辨，所以防浇俗浮靡之渐，盖一举也，四善备焉。超归自南岭，见斯堂之复完，幸我民之饮公福也。爰不敢辞，而为之记。

重建平山堂欧阳文忠公祠记

［清］李元度

　　三代下兼三不朽而诣其极者，宋欧阳文忠公一人而已。公之学自韩子以达于孟子、孔子，著仁义礼乐之实，折之于至环以服人心，自学道三十年，所得者惟平心无怨恶耳。故□其怨家雠人尝出死力挤陷公者，遇之无纤毫芥蒂，至其天资劲直，言人所不敢言，虽机阱在前，触发之不顾，生平为忌者所中，放黜至再三，志气自若也。尤伟者，在政府与韩魏公协谋定大计，赞立英宗，复开悟皇太后，俾释疑衅，则诚社稷勋焉。公于文章直接韩子之传，苏文忠称其论大道似韩愈，论事似陆贽，记事似司马迁，诗赋似李白，世以为知言。不但已也，眉山苏明父子挟策走京师，时无知者，公上其书于朝，拔其子轼、辙为举首。此外，曾文定、王荆公皆所赏识，宋上文及盛矣，然微公莫能宏奖而镕冶之，是诸家之文皆公文也。且以馀事论之，公修唐书及五代史，即与龙门颉颃，著《诗本义》能折衷毛郑二家，著《易》童子问能纠正辅嗣之失，作《集古录》即为后世金石家之宗，作四六文即能一洗昆体，偶作小词，亦无愧唐人《花间集》，公盖得文章之全哉。宜其声名满天下，为谏官则称欧余王蔡，为宰相则称韩范富欧，诗称欧梅，文称韩柳欧苏曾王，复独以公配韩，曰韩欧，兼立德立功立言而为极九等之最，公之外岂复有二哉！庆历八年，公自滁州转起居舍人徙知扬州，年四十二矣。明年即移知颍州，公尝作真州《东园记》、杭州《有美堂记》，而平山堂独无记，仅知刘贡父平山堂诗一首存集中。故有公祠，不知所自始，然公予撰先公事迹，即云滁扬二州皆有生祠，则由来已久矣。公在前明已从杞孔子庙，国朝康熙十四年，圣祖南巡，驻跸广陵，赐御是祠额，曰"贤守风清"。自来圣贤之相契，直如臣主之同时，宜其旷百世也。咸丰中，粤寇陆梁，扬最当兵冲祠毁于燹，事平当事重葺平山堂，而祠未兴复也。光绪三年，二品衔两淮都转盐运使欧阳正墉，既莅任，出政缄民，壹以公为法，闲登平山堂，求拜公祠不可得，喟然曰：先贤过化地俎豆七百馀年，重以天题祠不可不复，况墉庐陵之族裔也。幸承乏斯土，敢数典而忘诸？乃割俸复公祠；檄提举衔，前署安丰场盐大使周鹏董其役；维时记名提督，署理淮扬镇祺阳欧阳利见，按察使衔、江苏候补道、平江欧阳炳各捐五百金，记名提督典太湖水军欧阳吉福捐自金。是役也，始于四年秋九月，落成于五年冬十月，费白金五千有奇。于是，都转走书趣元度为之记。呜呼！公之事业文笔与日星河岳并垂于天壤，后之祀公与都转之重新斯庙，岂仅留意于山川文物之类哉！凡欲使百世下闻风而兴起也。苏子谓，公出，天下争自濯磨，以通经博古为高，以救时行道为贤，以犯颜敢谏为忠，公之不朽在是矣。扬为公旧洽，固宜为公之神所凭依与？然则都转之为治，与其志所存，即此举皆可推见，而其人抑自此远矣。都转名正墉，崇如其字，湖南湘乡人。诰授光禄大夫布政使衔，告养云南按察使，随带加四级，赏戴花翎，色尔固楞巴图鲁，平江李元度撰文。钦加五品衔、广东候补盐知事裔孙大钰敬书。光绪五年岁次己卯十一月既重建，住持僧常达敬立，朱静斋镌。

　　（编者注：此记录自欧公祠碑刻）

重修平山堂欧阳文忠公祠记

〔清〕徐文达

平山堂踞扬州名胜，其创建实自欧阳文忠公始。公以宋代名儒、文章勋业，彪炳史册，无烦爾缕。溯庆历八年，公出知扬州，政尚简要，一以宽仁讲学为务，公馀少暇，步城之西北，乃相视蜀冈之地，而建斯堂讲学，集诸生而宾僚之乐，与公游者尝觞咏其间，平山堂之名，遂于兹不朽。后来者慕公德政，建真赏楼，设栗主以祀，盖以功德在人，为千秋之所钦仰，人因地重其谓此欤！嗣虽迭经倾圮，踵事修葺者代不乏人。我朝恭逢圣祖仁皇帝南巡临幸，御赐诗碑，复御书"平山堂"及"贤守风清"额；我高宗纯皇帝五度巡江南，翠华莅止，跸路亲临，宸翰龙章，光昭云汉，尤极宠遇褒嘉之美。前代名臣遭逢异数，亦重公之贤以为守土者劝也，当是时，淮纲臻全盛，钜商乐输，官流提唱，山水效灵，花木绚采，园亭祠宇，台榭陂池，络绎相属，洵淮尔第一观矣。自兵燹躁躏后，虽城中官署民房第次营缮，而诸名胜之鞠为茂草者几二十年。岁庚午，定远方子箴都转来典鹾是邦，淮纲稍振，景仰前徽，有志修复。余适亦从事粞台，驻邗上，典淮军转运，遂相与协力筹捐兼薄分廉俸，集同乡诸口好鸠金，命匠修葺平山堂及法净寺佛殿两重，下逮口僧渚舍、平远楼、洛春堂、谷林堂，四松草堂亦次第卜筑，观厥成焉。祗经费短绌，阙略者多耳。丙子冬，方都转升任去，公湘乡裔名正墉崇如甫简膺斯职，甫下车即留心谙防，稔知堂西偏种玉兰花处，为公手植甘棠，祠址在焉，毅然有绳武之志，存复占之思，询之于余，遂相与命舟前往，循故址，度方位，兢兢焉肯槽肯堂，以宗祠为己任，估计需银五千馀金，余亟欲襄同筹助，赞成斯举而渠弗应也。适都转永久族人、记名提督、署淮扬水师镇军欧阳利见捐银五百两；记名提督、统带太湖水师欧阳吉福捐银一百两；萍江族人、盐运使衔、候选知府欧阳炳捐银五百两，馀则都转一力承之，即于光绪五年八月开工，中为堂五楹，迎公醉翁亭石刻图像以祀之，左右廊舍门庑皆具，又移洛春堂额于祠右，并拓其地为三楹，四围皆缭以藩垣，凡五阅月而工未竣，费亦将告罄，值岁暮暂停畚筑宜也，讵料时有可为，事难预定，崇如都转遽以痼疾逝，则庚辰正月十三日也。临终语家人，犹以臣职未尽，捌工未葳为憾。尔时，余方有事省垣，闻疾亟尚思存问，乃未转棹而讣音至矣。十八日，余遂捧檄来扬摄斯篆，旋于十九日视事，独念余与崇如都转先后同官复同潜，业为之料理其身后而祠工未毕，弗踵而成之，既无以完良友缵述之诚，又何以崇先哲明之典，功亏一篑，奚为者？于是复捐赀，命工作两匝月告成，木石坚固，轮奂聿新，屹然与殿宇并峙，是岂徒壮观赡哉！特为创造者图厥终，俾知上下千百年间，文忠公之流泽孔长，我圣朝之褒崇备至，而为公后者之克承先绪，未有艾也。其他祠观胜迹载存志乘者半多荒废，余摄篆未久，非一时力所能逮，请以俟诸后之君子云，是为记。

钦加布政使衔、署理两淮都转盐运使司、江苏遇缺题补道、南陵徐文达拜撰书丹。

（编者注：此记录自欧公祠碑刻）

重修平山堂欧阳文忠公祠记

［清］杨应桓

大传云：别子为祖，继别为宗，继祢者为小宗，有百世不迁之宗，有五世则迁之宗，宗虽有大小之分，而率族以共祀其先，无异义也。矧其功业冠一朝、贤声垂千古，本为祀典所崇奉者若欧阳崇如都转，义重绕宗，于平山堂重建文忠公祠，徐仁山都转踵而成之，其事尤足称焉。按扬州地处繁剧，多胜景。余幼年随宦山左，恒往来于淮扬徐兖间，每至广陵辄与二三同志游蜀冈，景仰六一高风。其时平山堂、大明寺以及大小虹桥，绵亘数里，环绕绿杨城郭，一切江山风月、宫观楼台之盛，犹历历如在目前。洎咸丰中，迭遭发逆之变，蹂躏几遍，天下古今胜迹悉荡为榛芜瓦砾。时余筮仕楚北，东望故乡烽火，感慨系之。迄同治戊辰、己巳间，兵气尽销。扬城渐复其旧。光绪丙子冬，欧阳都转由襄阳观察迁两淮盐运使，逾年，余引疾归里，道经维扬，修士相见礼谒都转，承雅意延致幕下，适公有修复六一祠祀之举，郡人啧啧称善，咸谓：复旧观，举新政，伸孝思，一举而三善备。余曰：诚然。然是岂足以尽崇如都转者。崇如都转，湘乡望族，值军兴以名诸生投笔从戎、靴刀剑舄，倚马千言，功成简授斯任。公馀之暇，慨念平山堂，自文忠公经始，昔人尝建祠以祀，公志弗谖也。兵燹后，败棘荒荆，典型几废，山堂虽葺而祠宇未修，亟捐资复立之，本举废之思，寓敬宗之义，礼以义起，其谓此欤？迹其奉先思孝，居处弗敢康，而必以是为首务，亦可知其致福之有本矣。乃兴工，五阅月未葳事，而崇如都转遽捐馆舍，适南陵徐仁山观察奉檄摄斯篆，公宏才卓识，初受知于湘乡曾文正公，继复佐合肥相国，运筹决策，克服苏淞常镇等郡县，以功加布政衔，凡综理营务、盐务、河工、江防诸大政，无不措置裕如，上台倚为左右手，他日封疆洊莅，勋业诚未可量。即今权领盐铁使裕国泽民，安商恤灶，不数月而淮南北已颂功德弗衰，尤极育林爱士，虽樗庸如桓，亦荷殷殷招致，暇时谈及蜀冈文忠祠工未竣，公慨然力任之，复捐资霆兴土木，两阅月而全工告成，俾崇如都转未竟之绪，不致废于半途，是盖笃故交之谊，而重名贤之祀也。由是施于有政出身，加民兴礼乐，明教化，公之文章政事卓然，与前贤英垂不朽，岂一时游宴歌诗踵近代诸名流之馀韵也哉？余尝考欧阳文忠公当宋仁宗朝，与范文正公极相知重，文忠守扬时曾祀范文正于蜀冈，又按范氏祠规启于文正继以忠宣至司谏而大备，迄今八百馀年，子孙昌炽未艾。会崇如都转亦于是地兴复文忠公祠，仁山都转代为踵成于后，义重交深，志同道合，洵为成人之美，文忠之灵爽实式凭焉。嗣后公椒聊蕃衍，振振日起，当与范氏欧阳氏互相辉映，海内并称鼎族云，倚欤盛哉！爰不辞荒陋而为之记。

梁溪杨廊桓少云氏撰

铜城张思安惠叔氏书

光绪六年岁次庚辰夏六月旦日

（编者注：此记录自欧公祠碑刻）

古大明寺唐鉴真和尚遗址碑记

［民国］（日本）常盘大定

古大明寺是唐鉴真和尚之遗址也。和尚实为海东律祖，又为初传台教祖。江阳县人，年十四，随父入大云寺，见佛像而出家。神龙元年，从道岸律师受菩萨戒。景龙初，抵长安，依荆州恒景律师禀具实际寺，就融济律师学《南山钞》，依义威智全听《法砺疏》，历侍两京讲肄，该三藏，研台教。壮岁旋淮，住扬州大明寺，为戒律宗匠。天宝元年，日本荣睿、普照来寺听讲，拜请东渡。和尚言："我闻南岳思禅师生彼为王，兴隆佛法。又闻长屋王制千袈裟，施此土一千沙门，衣缘绣偈'山川异域、风月一天，寄诸佛子，共结来缘'，思是佛法有缘之地也，吾当往矣。"天宝二年冬，募神足二十五人，首途泛海，前后五次，以运塞不果其志，凡在逆旅十有二年，饥渴困厄，难卧具述，两眼失明，仍不变初念。会天宝十二年冬十月，日本大使特进藤原清河等特至扬州近光寺，恳请东渡，和尚乃与高弟三十五人，乘副使大伴胡万之船，同年十二月达日本太宰府。翌年二月，入南京馆于东大寺。圣武天皇遣正议大夫吉备真备位宣，委以授戒传律之任，叙传灯大法师位。四月，建坛于卢遮那殿前，上皇始受菩萨大戒。皇帝、太后、皇后、太子、公卿以下受法戒者凡四百三十余人。一时高德八十余僧弃旧受新，是为日本登坛授戒之始。天平宝字元年赐大和尚号。和尚以寺田税创唐招提寺，筑戒坛，三年竣功。律寺所备，奂然有序。五年，奏建戒坛于下野药师寺及筑紫观音寺，为东西两戒学。七年仲夏六日圆寂，寿七十七，腊五十五，实唐代宗广德元年也。和尚可谓权化之圣者矣。古记云：大明寺在县西北五里余；又云：平山堂创于大明寺庭之坤隅；又云：明寺前有平山堂；又云：谷林堂在大明寺。大明寺是刘宋孝武帝大明年间所建，寺东有栖灵塔，栖灵之号是本于隋代梵僧"大觉遗灵"之言，沧桑之变，元明以后，寺塔俱圮，余于今年二月过扬州，依高洲太助公，探和尚遗址。高洲公志笃追远报本，考知今法净寺即古大明寺遗址，大明寺是和尚所住，喜不可言，乃建兹碑，以记缘由。

中华民国十一年十二月六日
日本大正十一年十二月六日

日本高洲太助立
江都王景琦书
江都黄绍华摹勒

（编者注：此记录自大明寺碑刻）

重修法净寺庙宇佛像碑记

[民国] 王家锦

　　法净寺为扬州蜀冈最古之寺院，始于六朝。唐称栖灵，宋曰大明，至前清乾隆始锡今名为法净寺。寺之西偏为欧公守郡时所筑之平山堂，名山古寺，千载并重，旨为扬郡名胜，不可偏废，故历祀经修尚间有遗留碑文可考焉。在前清时，修理工程，胥赖两淮盐务官商分任其责，迨时局嬗变，淮扬盐业衰落，寺院与平山堂经费无所依恃，遂致年久失修。民国以来，乡人王柏龄君曾一度兴修而未观厥成，未几，芦沟变起，邗江相继沦陷，水深火热，至七八年之久，时值寺僧昌泉禅师住持有年，睹寺宇之衰颓，佛像之剥落，朝夕忧思，有兴复之志，至诚有感，遂得与游客程祯祥君相与筹商重修之事，程君故磊落有为，慨然而负其责。于民国三十三年秋，募集资金，鸠工庀材，由王君靖和董理工程，修复寺内各殿及平山堂、谷林堂与山门、牌楼、亭宇，皆去朽留坚，扶其倾危，加以工筑油饰，焕然一新，并庄严大殿大佛三尊、配佛四尊及海岛、天王、六祖圣像、接引佛像，或予装金，或施丹漆，复还旧观。夫弘扬道化，得存数千年旧迹与庄严佛像功德，俾状庙貌观瞻之盛，以结士媛香火之缘，实足以挽回人心，销弭兵劫，固不仅以流传先贤名胜，杨柳春风，而供后人之歌咏已也。独是在郡土沦胥之时，其修复工程为尤难，而得有昌泉禅师志行之坚，与程、王两君相助之力，其愿心伟大又岂寻常所可及哉！工竣之后，未及数月，果已世界停战，万姓欢腾，是亦不可思议之功德也钦！其捐款姓名、数目及工程用费若干，另刊碑石，特援笔而为之记。

　　　　　　　　　　　　　　　　　　受菩萨戒弟子江宁王家锦敬撰并书
　　　　　　　　　　　　　　　　　　中华民国三十六年岁次丁亥闰二月

　　（编者注：此记录自大明寺碑刻）

重修平山堂记

［民国］汪时鸿

　　登平山遥望江南诸山，同视一平山培塿耳。自八百馀年前，欧阳公守扬州筑斯堂始，而平山堂号称名胜满天下，非八百馀年来长名胜不销歇也。扬州繁盛冲达之区，天下无事则士夫耽风雅，乐嘉宾，日觞咏于其间，以及舟车往来，争揽名胜，一旦有事，必被兵则以名胜为用武之地，至变而芜秽荆榛，其至变而邱墟灰烬毁之者。屡屡亦兴而复之，屡屡前人既书不一书已，不在识远，但识于近，即如辛亥迄今三五年中尚幸不至泰甚，然而芜秽邱墟均在，不免平山堂名胜两字几于道路间缄口不谭，游人之踪迹亦几于绝，山僧愀然皇皇然，力图所以兴复而迟之久未果，日者大欢喜而来合十，谓老人曰：平山堂落成有日，政请为文以纪之。老人诧甚，询所以。则以平山堂既复旧观对，且以平山堂内外处处尽复旧观对，费何出，则出大檀越运使公之功德，并诸檀越之功德，亦其功德也。因言，新岁某日，运使公踏平山之巅，憩兹堂良久，俯仰陈迹，慨叹欷歔，僧人捧帙以时进，陈述历来兴复之所由。运使公曰：噫嘻，有是哉，彼一时，此一时，彼时之盐务，何若此时之盐务，何若无已，勉蠲微薄，以俟来者，且愿大奚以偿，毋宁得尺得寸不定多寡可乎？未几，共集得捐银一千四百元，铜钱二百千文，爰亟檄委兴工，就款估计毋使溢、毋稍糜、毋或缓，值中和节经始，迄清利月杪落成，为利不过三阅月，举凡堂宇、祠庑、楼阁、园亭以迄梵刹、禅寮、靡不修洁华好，一新耳目。自后游人络绎，文酒高会，顾而乐之，尝叩佛家所谓皆大欢喜非耶？老人因之有感矣。昔浙人金公为扬州守，重建平山堂落成，迁江宁驿传道以去，今运使公亦浙人，适重修平山堂落成，量移东粤，不知今之视昔同不同，为何如？又考志载，昔平山堂沦为浮屠殿宇者十数稔，金公乃从汪舍人之请以重建，今运使公莅平山堂，因僧人之请以重修而假手于不文之老人汪汪某纪其事，不知后之视今亦犹今之视昔其同不同，又为何如？他日运使公由东粤重回首，知万松苍翠在望，定不减于杨柳春风，而吾家桃花潭水间亦先后具有微缘，若此，抑今日者山僧此举迥异畴昔浮屠氏之所为，殆释而近于儒者，其口名教亦与有功焉。可纪也，稿纸裁就，会运使公以重修平山堂记见属，即伸纸濡墨缮写以上并署名——于纸尾。运使公谓谁？海宁

　　姚公煜文敷也；董是役者谁？颍上陈君寿仁乐山也；为文记之者谁？七六老人旌德汪时鸿次翁也；书石者谁？江都王景琦蓉湘也；山僧其谁？则法净寺住持肇林皎如也，皆不可以不记。岁次旃蒙单阏之塞余月。

　　（编者注：此记录自平山堂碑刻）

唐鉴真大和尚纪念碑

［当代］赵朴初

　　公元一千九百六十三年，为我国唐代律学高僧日本追谥过海大师鉴真和尚入寂二十周甲之岁。中日两国佛教文学艺术医药各界人士共同倡议，隆重纪念。自春徂秋，气求声应，香华礼敬，称赞功德，阐为论著，播以咏歌。十月复集会于大师生前行化所居大明寺故址（今扬州法净寺），用申崇敬景慕之忱。大师以中华之耆彦，弘大法于扶桑。其东行也，排众沮、冒风涛、跋涉十年，终成始愿；其施教也，体大规宏，纲目毕具，建戒坛以立僧本，启台学以开义门；伽蓝营构、雕绘工巧之外，兼及于艺文医药，此皆盛唐文化之菁华，中土千年涵育之所成就。大师矻矻尽其形寿，一一传播于彼邦，魏晋以来中日人民互助友好之宿愿乃得以圆满实现。自是厥后，两国文明互注交流，繁荣滋大，如双星并耀于东亚之太空者垂千余年。大师辛勤辟创之遗泽，岂唯百世不斩而已哉！降及今时，人文丕变，渺漫沧海，已化康庄，而虎凹奔衢，转有塞门荆棘之叹。迩年以来，两国人民嘤鸣求友，多方努力；在中国，则上下一致，揭和平之旌旗；在日本，则万众奋兴，排横加之干预。道义往还，后先踵武，摧魔破暗，正气日彰。大师之志业将发扬于未来者其可量耶？爰树贞珉，以光先德，既志胜缘，并资策励，遂为颂曰：

　　惟我大师，法门之雄。三学五明，乘桴而东。志绍南岳，愿酬长屋。坚心誓舍，头目手足。五行五止，缘集辄散。既遇黑风，复遭王难。叡竟不返，师亦丧明。百折百赴，终胜波旬。十年跋涉，十年教化；思斯勤斯，根深树大。巍巍鲁殿，灿灿奈良。庄严庙像，俨然盛唐。台赖以昌，律赖以立。树叶广敷，光采四溢。右军书法，道子经变。青囊之传，金堂之建。惟师之泽，等施两邦。怡怡兄弟，历劫增光。千二百年，道久弥信。分同唇齿，义无隙衅。鼓舌张罗，鬼忌人和。虽云异代，险阻实多。破浪排关，往来济济。携手同仇，论心同理。铮铮佛子，作如来将。共战魔军，道义相尚。师之志行，如兰益馨。师之功业，与世更新。东徂西行，俱会一处。震大雷音，击大法鼓。以昭无德，以策来兹。同天风月，万事埙篪。巍巍蜀冈，大明故址。堂陛是谋，招提在迩。勒石追远，发愿陈辞。慧灯无尽，法云永垂。

鉴真大和尚逝世一千二百周年纪念委员会主任委员赵朴初谨撰并书

重建栖灵塔碑记

［当代］大明寺

公元一九九五年十二月，重建扬州大明寺栖灵塔成。丹楹耀日，金刹摩空，缁素同欣，四海交赞，诚巍巍蜀冈千载难逢之盛事矣。

栖灵塔始建于隋仁寿元年（公元六〇一年）。是年，文帝下诏海内诸州，选高爽清静之地，造塔三十座以供舍利。立于扬州大明寺者，即其一也。塔高九级，雄踞蜀冈，楚水吴山，尽收眼底，为广陵一大景观。唐代鉴真大师曾驻锡于此，授律弘法，诗人李白、高适、刘长卿、韦应物、白居易、刘禹锡等，皆曾登塔赋诗颂扬。惜此塔于唐会昌三年（公元八四三年），法难中焚毁。一代胜迹，遂成焦土。后世慕名　前来瞻礼观光者，无不憾斯塔之不存，盼胜迹之再现，而机缘未具，迄未重建。

时值政通人和，百业俱兴，圣教广被，机缘应时而至，乃倡重建栖灵塔之议，一方吁请，十力响应。秉政诸公悉心筹划，护法檀越发心捐输，能工巧匠精心精造，合寺僧众尽心操持。自公元一九九三年九月破土，不三年而塔就。塔仿庸制楼阁式，方形九级，通高七十三米，虽为新建，仿佛旧观。塔内法相庄严，塔外金铎摇风，回绕其中，祇觉神思悠远，俗虑尽消，凭栏眺望，古城新貌，气象万千。中外高僧大德，仁人信士之夙愿，圆满以偿矣。

栖灵塔之成也，非徒为伽蓝增辉，亦且为湖山添色，义兼双美，耸峙万年。祝愿国运永昌，世界和平，人民康乐，乃为之记焉。

大明寺

公元一九九五年十二月佛历二五三九年十一月

附录 2 历次修建记录

457-464 年（南北朝宋孝武帝大明年间）

创大明寺于蜀冈，寺以孝武纪年为名，盖寺始创于其时，惟具体年月，史乘失载。

601 年（隋文帝仁寿元年）

诏天下诸州名藩建灵塔，遣沙门 30 人，分道送舍利于 30 州。时晋王杨广为扬州总管，于十月十五日率文武百僚及僧众 360 人，奉舍利入函，即以建塔。以梵僧有云："此大觉遗灵，留与供养"，故以"栖灵"为名，大明寺亦改称栖灵寺。

843 年（唐武宗会昌三年）

栖灵塔毁于火。

1004 年（宋真宗景德元年）

僧可政募民财建塔七级，名曰"多宝"，郡守王化基以闻于朝，赐名"普惠"。栖灵寺自会昌灭法后，湮没无闻。入宋，就原址重建，恢复"大明寺"原名，称"大明禅寺"，时人称塔亦曰"大明寺塔"。

1048 年（宋仁宗庆历八年）

欧阳修守扬州，构厅事于寺之坤隅，江南诸山，拱揖堂前，若可攀跻，名曰"平山堂"。

1063 年（宋仁宗嘉祐八年）

直史馆丹阳刁协自工部郎中领扬州府事。次年，重修平山堂，沈括有记。

1092 年（宋哲宗元祐七年）

苏轼知扬州，为纪念恩师欧阳修，于平山堂后建谷林堂。

1161 年（宋高宗绍兴三十一年）

金主亮陷扬州，驻兵摘星台与平山堂。寺毁、塔圮。

1163 年（宋孝宗隆兴元年）

扬州太守周淙重修平山堂，洪迈有《平山堂后记》。

1190 年（宋光宗绍熙元年）

扬州太守郑兴裔重修平山堂，有记。

1210 年（宋宁宗嘉定三年）

大理少卿赵师石除右文殿修撰，起帅维扬，复修平山堂，楼钥有记。

1225 年（宋理宗宝庆元年）

史岩之增修平山堂。

1269 年（宋度宗咸淳五年）

宋元之交，寺毁于战火。终元之世，湮没无闻。

1457—1464 年（明英宗天顺年间）

冲彻堂禅师弟子福智沧溟，朝五台，返扬适野，见摘星楼（今观音山）西隙地，启请郡守王宗贯、卫使李铠建小庵，得古井，发现"大明禅寺"残碑，各方捐资，建法堂五间，东西廊庑、庖库庚粗备。学士罗玘有《重修大明寺碑记》。

1493年（明孝宗弘治六年）

福智沧溟大师示寂，法嗣大方继席。关陕蹉客集资，建大明寺大雄宝殿，设立金像，规模宏伟。

1505年（明孝宗弘治十八年）

火光禄文津捐建天王殿五间，叶观有记。

1507年（明武宗正德二年）

住持广胜建伽蓝祖师殿。

1593年（明神宗万历二十一年）

扬州知府吴秀于故址修建寺宇，重修平山堂，推官赵栻极撰记。

1639年（明毅宗崇祯十二年）

盐漕御史杨仁愿重修大明寺。

1645年（明福王宏光二年）

清兵陷扬州，屠城十日。大明寺毁于战火，僧徒星散。山虚梵冷，钟静谷寒，庄严佛地鞠为樵木之场。

1657年（清世祖顺治十四年）

重建大明寺。郡守傅哲祥出书，公延赣州善庆庵曹洞三十世正传受宗旨和尚来扬住持，立十方丛林，为大明寺开创曹洞祖庭。

1663年（清圣祖康熙二年）

道宏和尚募建山门、地藏殿、方丈室，

殿宇廊庑，焕然一新，孔尚任有记。

1673年（清圣祖康熙十二年）

山阴金镇出任扬州知府，次年七月，议修平山堂，九月经始，十一月落成。

1675年（清圣祖康熙十四年）

汪懋麟拓平山堂后隙地建真赏楼。

1676年（清圣祖康熙十五年）

五月朔，江北地震，大明寺后万佛楼震坍。

1729年（清世宗雍正七年）

汪应庚重修大明寺，建藏经阁、文昌阁、平楼、洛春堂、置斋堂12间、香积厨5间、僧寮及回廊共58间。历时十年，至乾隆三年（1738）全部落成，丛林规模，于斯大备。

1732年（清世宗雍正十年）

汪应庚建平楼，后增高改名平远楼。

1733年（清世宗雍正十一年）

汪应庚捐建云盖堂五楹。

1738年（清高宗乾隆三年）

汪应庚于蜀冈西新开莲塘，得古井，味永而甘，语者云是古第五泉，郡守高士钥著铭并序。

1739年（清高宗乾隆四年）

汪应庚建洛春堂于平山堂后，西南三楹，种牡丹数十株，旁有丙舍五楹，花时群屐咸集。

1853 年（清文宗咸丰三年）

太平军占扬州，法净寺、平山堂尽毁。

1870 年（清穆宗同治九年）

法净寺住持悟堂呈准两淮盐运使方浚颐募修重建寺宇及平山堂，蒋超伯有记。

1879 年（清德宗光绪五年）

运使欧阳正墉重建欧阳文忠祠于谷林堂后，并书"六一宗风"匾。

1915 年（民国 4 年）

法净寺山门颓圮，殿宇失修，住持皎然复募，运使姚煜重葺，并建复天王殿，汪时宏撰碑文，王景琦书。

1934 年（民国 23 年）

邑人王柏龄重修平远楼，住持圣涛主其事。

1944 年（民国 33 年）

住持昌泉与程祯祥募资，由王靖和董理工程，重修庙宇佛像，修建四松草堂。

1947 年（民国 36 年）

重修法净寺庙宇佛像告竣，江宁王家锦为撰《重修法净寺庙宇佛像碑记》。

1951 年

在国家经济尚未得到大发展的情况下，依然抽调资金修缮维护法净寺。

1963 年

10 月，为举行唐代大和尚鉴真圆寂1200 周年活动，重修寺庙，修葺一新。

1973 年

11 月，鉴真纪念堂落成。

1979 年

迎接鉴真坐像从日本回中国（扬州、北京）巡展，扬州地方政府对大明寺进行了全面整修：铺设了上山石阶、开辟了汽车登寺盘山道，寺内佛像重新贴金，殿、堂、馆、室、亭、台全面装修。

1993 年

9 月 13 日，栖灵塔重建工程正式开工。

1995 年

12 月 28 日，栖灵塔竣工，通过验收。

附录3 1979年修缮记录文章

我们是怎样搞好大明寺维修工程的

扬州市城建局 朱懋伟 郭光明

大明寺位于扬州城西北四公里蜀岗上，建于南北朝宋孝武帝大明年间（公元457—464年），寺以年号命名。至清乾隆三十年（公元1765年），因忌讳"大明"，改名法净寺，此次鉴真大师坐像回国探亲，又恢复大明寺旧名。

唐天宝元年（公元742年），大明寺方丈鉴真受到日本留学僧荣睿和普照的邀请，带领一批有专业造诣的弟子冒着生命危险，东渡日本。历经十二年，六次东渡，五次失败，牺牲生命的有三十六人，第六次东渡成功到达日本奈良时，鉴真已是六十六岁双目失明的老人了，他和随行的弟子把唐代大量佛教经典、建筑、雕塑、医药、书法等文化艺术传播到日本，为中日文化交流作出了贡献。鉴真于日本天平宝字七年（公元763年），在唐招提寺圆寂，终年七十五岁。鉴真生前，他的弟子们为他塑造了一座摹仿真形的坐像，现仍保存在唐招提寺，列为日本国宝。

1978年11月28日，邓小平副总理与廖承志副委员长访日，到古都奈良唐招提寺，森本长老向邓副总理提出了他的宿愿：鉴真大师"回老家探亲"。邓副总理当即表示欢迎。1979年4月17日，邓颖超副委员长访日，又再次表示欢迎鉴真像回国"探亲"，并告我们已经作了准备，森本长老表示希望在秋高气爽的美好季节去中国访问。为了迎接鉴真大师回国"探亲"， 1979年5月经国务院批准由省拨专款将大明寺全面整修。要求我们在短短的4个月时间内完成寺庙、园林、文物的全部维修任务。在此期间，还要避让去年与日方已达成协议的在大明寺拍摄"天平之甍"和"友谊之门"两部电影的有关镜头。这样，维修工程基本上须在拍摄前完成，有的还要等拍摄完毕后，方好动工。为了确保这次维修任务的顺利完成，市委决定采取集中力量打歼灭战的办法。从6月中旬开始施工到国庆节，克服阴雨等困难，基本按质按时完成了维修任务。后因回展时间推迟到1980年4月，按照中央和省有关领导现场视察时的决定，新建寮房、斋堂、唸佛堂等的要求，我们再接再励，到1980年3月底，完成了鉴真像回国"探亲"的一切准备工作。在此期间地市委及有关单位负责人先后在现场多次召开会议，对工程中的问题，逐项进行研究；各有关单位协作支持，因此工程进展比较顺利。我们成立了大明寺维修工程指挥部，由市委领导亲自挂帅，有关委局领导现场指挥，分别负责后勤、物资、供应、运输安全等工作。由于分工明确，各负其责，质量也得到保证。另外根据工种特点、施工程序，分成几条线，采取先外后内，先上后下，流水作业，并随时检查，及时调正，基本避免了窝工现象，一气呵成。

一、工程维修中的做法

（1）明确维修的指导思想。无论建筑外形还是内部结构，从油漆装修到园林配置都要保持原有风格；必须修改和增添的建筑，一定要从历史文献上考证，反复推敲，慎重确定。在维修前，我们查阅了《平山堂图志》、《扬州画舫录》、《扬州廿四景图志》、《扬州府志》等历史资料和各地专家学者历次对扬州园林修建意见的记录，搞清大明寺在整个瘦西湖风景区规划中的地位，以及它的历史沿革，风格特色，作为维修依据。如后来大明寺西园的二幢建筑（楠木大殿和柏木花厅）就是根据历史记载，该园原有南厅北楼而恢复迁建的；又如新建的一个售品部，建筑形式结构按传统手法，取名则根据该处原有"真赏楼"而取为"真赏轩"，并取原碑刻"真赏"为该区门额，这样不但恢复了原迹，并且开辟了该园西边新的导游线，丰富了景观，避免了走回头路的弊病。 如图1～图4所示。

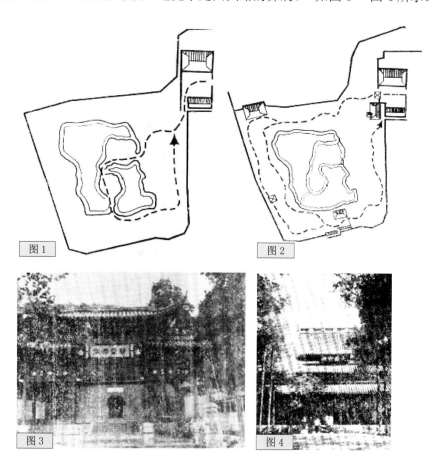

图1　西园西侧原游览路线图
图2　西园西侧新游览路线图
图3　入口牌坊
图4　大殿

我们又邀请了南京工学院、同济大学、省建筑研究所、北京颐和园等单位的专家学者来扬州具体指导，老艺人和他们的徒弟也提供了很好的意见，对一些佛教方面的维修，还听取了本山方丈、老和尚们的意见。此外对扬州一些耆老、各地游客的意见，也虚心听取，认真研究。如平山堂大门牌坊"栖灵遗址"四字，不少游客提出"栖"字少一笔，为此我们请教有关人士，据说当时一些庙宇可能回避"妻"而有意少一笔；但是否是原来修理时因底子不清或剥落而描错了呢？两个推测都有可能，最后决定在原因没有彻底查清前，暂不改动（参见图3）。又如大雄宝殿前原有一碑，"文化大革命"中已倒移他处，这次把碑文拓片交赵朴初同志审阅，最后根据赵老意见又在原处树起来了。

（2）尽量利用和发挥本地老工人传统技艺进行维修，以保持老工人有他们习惯做法和制作口诀，依靠他们不但不失地方特色，而且可以简化设计取得事半功倍的效果。

（3）尽量采用传统材料。因材料也能影响建筑形式和风格。如大雄宝殿，油漆采用国漆，通道采用粗堑金山石铺砌，这样不但格调和大殿相称，且坚固耐用。又如大殿室内地坪用罗地砖，佛像彩绘颜色采用矿物颜料，色彩沉着纯正，而且经久不变。又如刷墙头的黑脚，采用传统老方子，用砖灰、酒、茶叶、醋混合煮制，刷起来就比较好；另据老师傅介绍，如用砖灰加豆浆调制，效果也很好。

（4）拆迁一些古建筑，增添园林风景。通过普查，对市区现存庭园中已残损无恢复价值的古建筑，选择形体适宜的进行拆迁改建。这样，既节省了工料，保护了古建筑，又丰富了园林景色。

（5）注意原有匾额、楹联的维修。匾额楹联是古建筑装修不可缺少的部分，从中也可以分析当时设计的立意和历史沿革。这次在维修"平山堂"大字匾时，上面一印章只残留一字可辨，其他只有零星一些残笔。为此，查看了平山堂所有匾对，发现同期字匾凡印章都是成对的，一阴一阳，上名下号。根据这规律，我们到古籍图书馆以名找号、查字，再根据残留可辨的笔划修复了该印章，使题字、书法、印章成为一完整的艺术品。如图5所示。

二、现场设计，实地放样，反复斟酌，逐步完善

如在西园西边我们根据景观需要，新辟了一条游览线，该线就是通过上下左右，多相多看，因地因势，实地放线而施工的，基本上做到高低错落有致，线形曲折自然，景观相互因借，得到步移景变的效果。此外，新拆建的建筑，从位置的确立到式样的选择，也都是先树样架，然后从高低远近不同角度观看研究，再请领导专家提意见，最后适当调整方位，修改建筑体形才修建的。如我们迁建的楠木厅原是硬山，后考虑体形大小与四周环境的协调，改硬山为歇山，加做了四个翘角，这样体形比较活泼并与四周山形结合较好。柏木厅为了临水，增加层次，添做了平台，配以小栏杆，形成一完整庭园（图6）。假山堆叠更是要多看多议，根据总的意图，山势的设计，充分利用叠石工人技艺，使设计和施工有机结合。此外，为了缩短堆叠时间，我们采用了一些现代结构的材料，如凿洞穿钢筋进行堆叠和用钢筋混凝土楼板做隔层等，这样既牢固又省时。完成一座十米的黄石假山，仅花了五个月时间。在设计施工中因石头曝露面不同，颜色很杂，为了解决石料的选择和增加假山的整体性，我们采取了部分刷色（水泥、红土、黑灰混合水）的方法。此外，在园林寺庙维修设计时，因是现场设计，地形地貌比较清楚，尤其是古老大树，都能很好保留，并有机组织到游览线路中来，丰富了景观，展示了园林历史的悠久。如"真赏轩"原设计平面是长方形，后考虑使用要求和旁有一颗大皂荚树，我们就把平面改为凸形，这样不仅

增加了翘角,丰富了建筑立面效果,而且保护了大树,使建筑与周围环境更加协调(图7)。又如西园西边山顶一小亭位置的确定,就考虑原存古树位置,做到建筑、树木有机结合,亭成画意成(图8)。总之,园林中的古老大树是园林历史的实物见证,景观组织不可多得的素材,应很好保留,决不可砍伐。

图5
图6
图7
图8

三、维修工程预算的考虑

维修预算一般比较难以编制,而古建筑维修就更难以估算。具体工作中,凡有定额可套用的,尽量套用,没有定额的则以老师傅为主,会同预算人员逐项估算,从严包工下达,在工程进行中,逐日记工以作参考。最后如差额太大,则根据所做工日适当补贴,以保证基本工资。此外,对一些过去从未做过的工程,如佛像贴金,我们则采用先点工、再包工的做法。外地工匠来修理时,他们先对佛像面层全面进行铲除,再用旧夏布(新的不能用)

图5 平山堂大匾
图6 西园西侧小庭园
　　及柏木厅
图7 真赏轩
图8 西园小亭

油漆重新做面层。我们先以单独一尊佛像试修，经验收（主要是不变形，整旧如旧为准）认为技术水平符合要求，才全面铺开。通过一阶段维修，我们初步掌握了整个维修过程，工作量都有了数，同时也培养了一批自己的工人。

四、具体维修中几个应注意的问题

（1）防止白蚁。古建筑因年久潮湿，白蚁危害一般都较严重，这次维修中我们拆除了两个蚁巢，对主要建筑也全面进行了投药、蒸薰。

（2）防火防毒。治白蚁药物、传统颜料砂都是剧毒品，如禅臣绿、滕黄等，有的毒性不亚于氰酸；油漆、木料又都是易燃物资，工地人多面广，必须严格保管、使用和现场清理，才可避免事故。我们除加强教育外，还采取集中保管，严格领取，有剩回收，严禁烟火，凡在木匠间吸烟者罚款，刨花日日清，并落实到人。

（3）佛像去尘。尤其是才贴金还没罩漆时，切勿以鸡毛帚掸尘，不然会掸掉金箔。如要掸，最好用云帚。这是贴金艺人老赵一再提醒我们的。

（4）上山踏步。一般庙宇多建于山上，在进行上山石级维修时除应考虑踏高及踏宽适中外，还要考虑整个石级线形流畅。这次虽整个线型未动，只适当调整了踏面宽度，降低了踏步层高，并增加了两个平台，主要考虑登山舒适。现在看来因增加了平台，使石级在平台处产生视觉错折，影响线形美观，并且外形效果也没有原来好，应引以为训。

（5）油漆、国漆色彩古朴耐久，但结膜需湿润气候为宜，所以施工最好安排到"雷雨"季节。调和漆，价廉色多，但一经氧化（4～5 天时间）颜色就变得深沉灰暗，因此，在定色时宜偏鲜艳一些，要考虑色差变化。

以上是我们通过大明寺修建总结出的对古建筑古园林维修中碰到的一些问题，该怎样解决、怎样做的一个汇报，供修建寺庙、园林、古建筑的同志参考，不妥之处，请批评指正。

附录4 其他建筑遗迹图

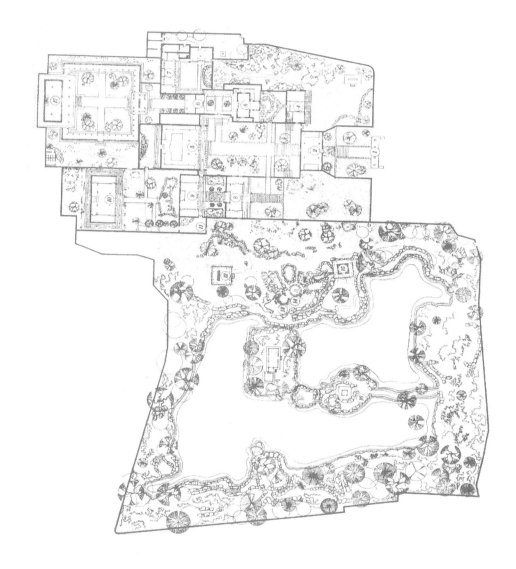

大明寺平山堂西园平面图
（引自陈从周著《扬州园林》本图由路秉杰绘）

1950年后期大明寺建筑总平面（其中鉴真纪念堂群80年代补作）

大明寺平山堂西园平面图

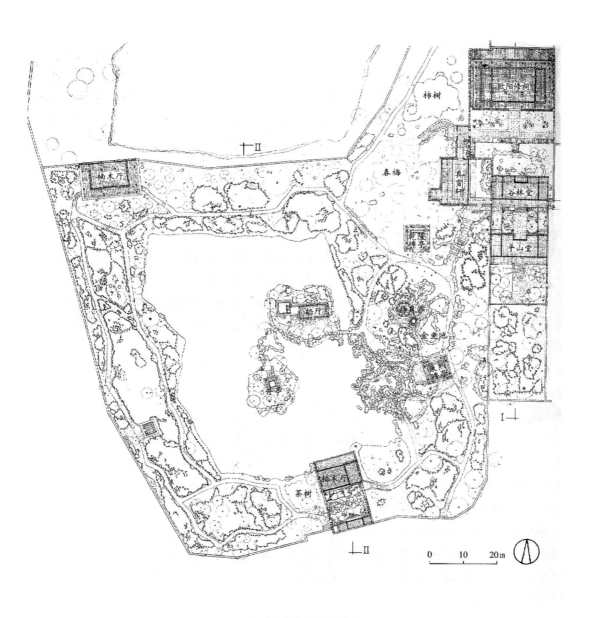

扬州平山堂西园平面图
（引自《江南理景艺术》潘谷西编）

欧阳修祠　合林堂　平山堂

扬州平山堂西园西视剖面图 I—I（引自《江南理景艺术》，潘谷西编）

柏木厅　康熙碑亭　船厅　待月亭　乾隆碑亭

扬州平山堂西园东视剖面图 II—II（引自《江南理景艺术》，潘谷西编）

平山堂西园西视、东视剖面图

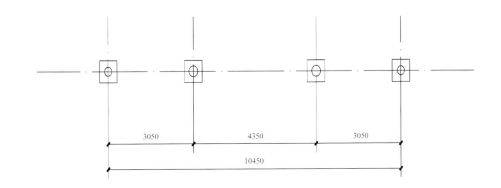

牌楼平面图

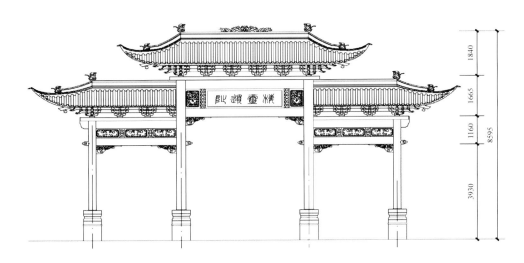

牌楼立面图

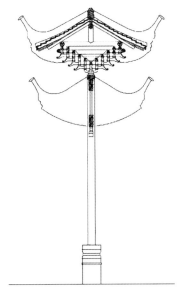

牌楼剖面图一　　　　　　　　　　　牌楼剖面图二　　　　　　　牌楼平、立、剖面图

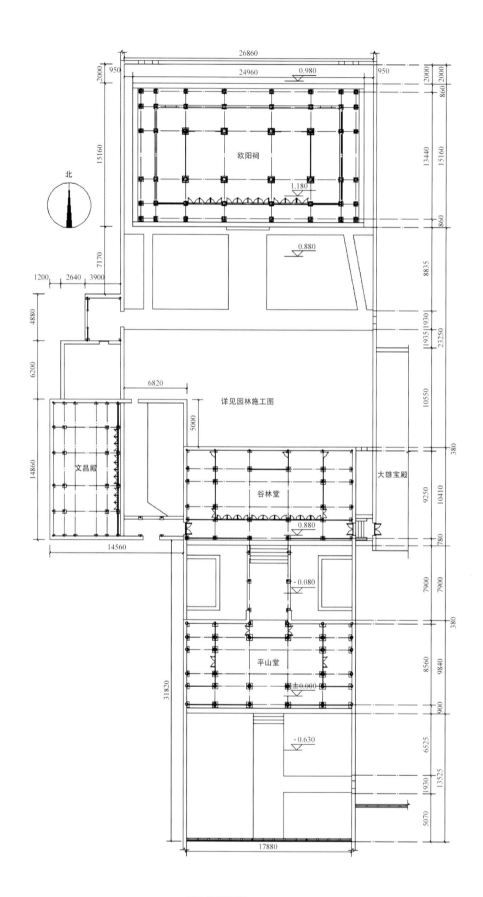

西轴线平面图

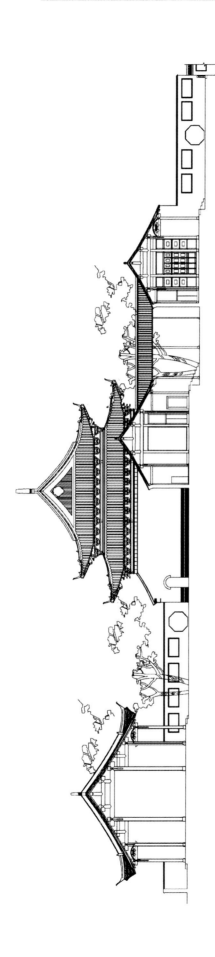

西轴线剖面图

西轴线剖面图

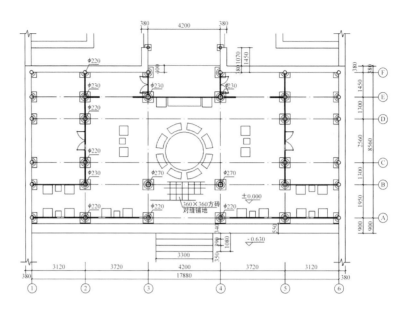

平山堂平面图

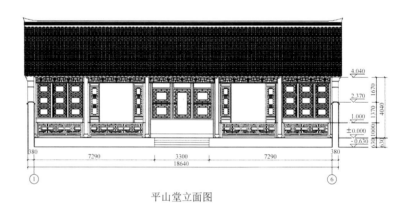

平山堂立面图

平山堂平面、立面、剖
面图

平山堂明间横剖面

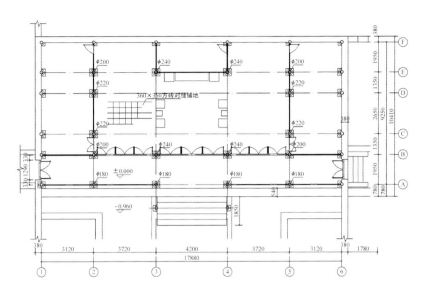

谷林堂平面图

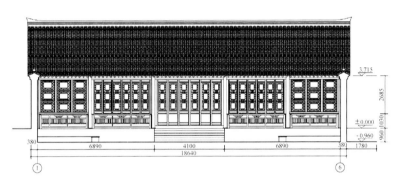

谷林堂立面图

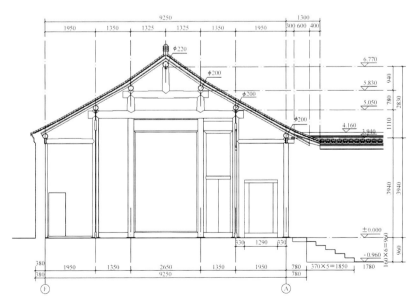

谷林堂剖面图

谷林堂平面、立面、剖面图

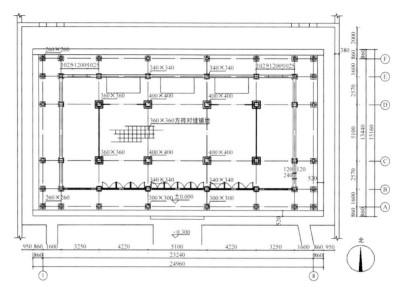

欧阳祠平面图

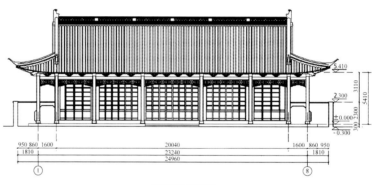

欧阳祠立面图

欧阳祠平面、立面、
剖面图

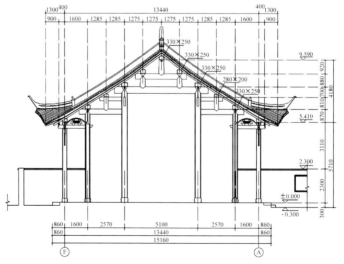

欧阳祠剖面图

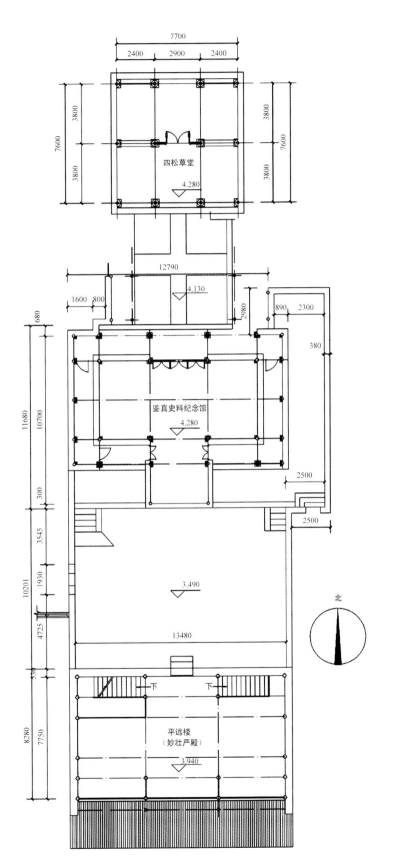

四松草堂

鉴真史料纪念馆

北

平远楼
（妙壮严殿）

东轴线总平面图

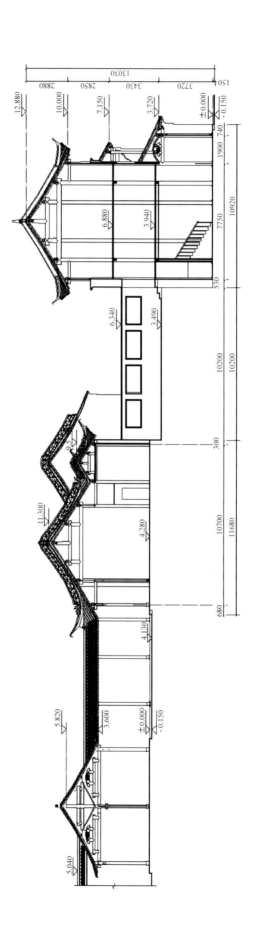

东轴线剖面图

东轴线剖面图

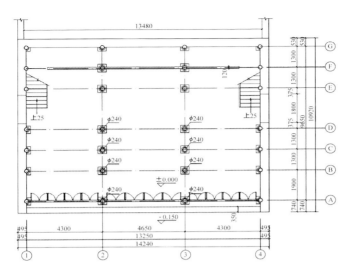

平远楼一层平面图

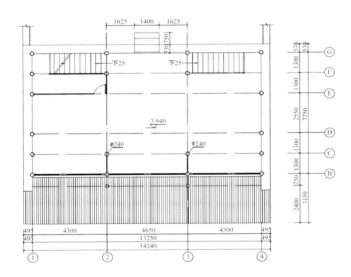

平远楼二层平面图

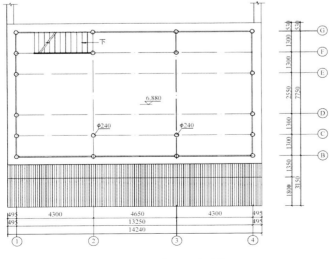

平远楼三层平面图　　　　　　　　　平远楼平面图

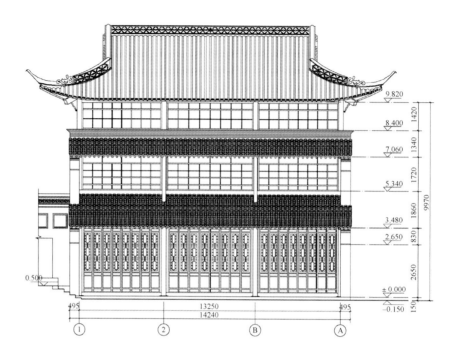

平远楼南立面图

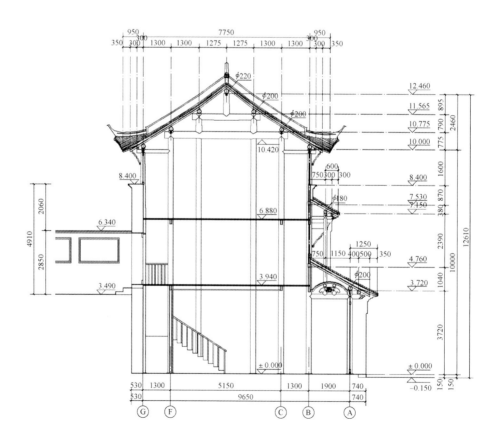

平远楼立面、剖面图

平远楼剖面图

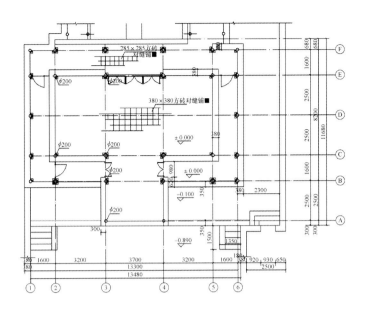

晴空阁（真赏楼）平面图

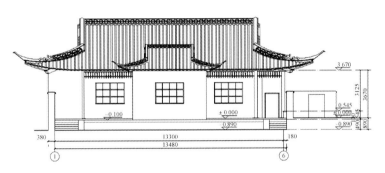

晴空阁（真赏楼）南立面图

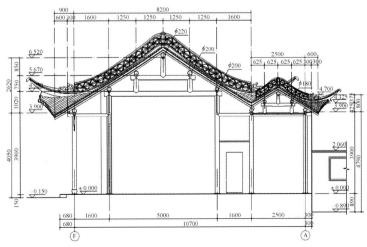

晴空阁（真赏楼）明间横剖面图

晴空阁（真赏楼）平面、
立面、剖面图

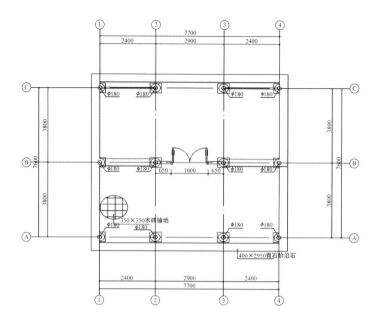

四松草堂平面图

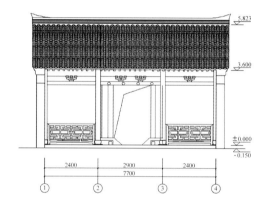

四松草堂立面图

财神殿平面、立面、
剖面图

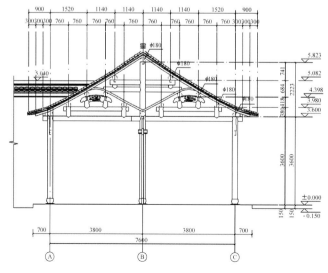

四松草堂明间横剖面图

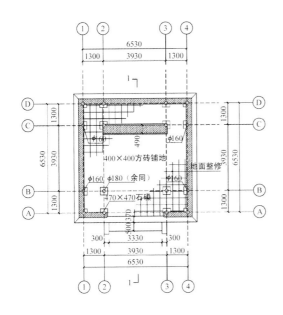

乾隆碑亭平面图

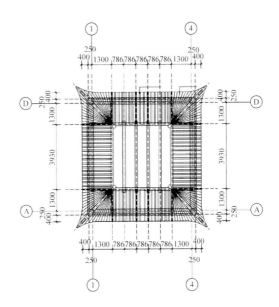

乾隆碑亭屋面俯视图

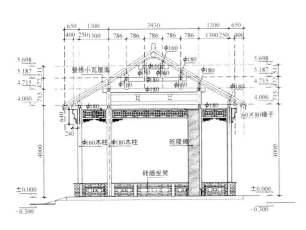

乾隆碑亭 1-1 剖面图

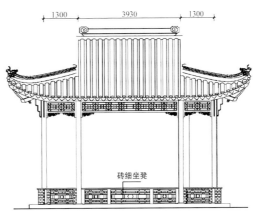

乾隆碑亭立面图

乾隆碑亭平面、立面、
剖面图

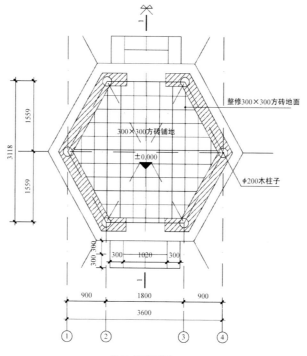

诗月亭平面图

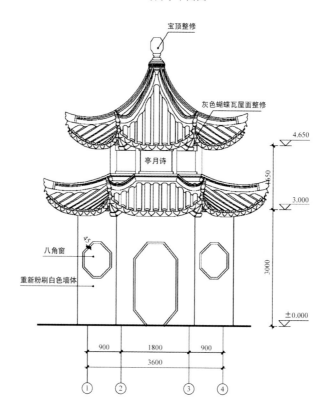

诗月亭平面、立面图　　　　　　　　　　诗月亭立面图

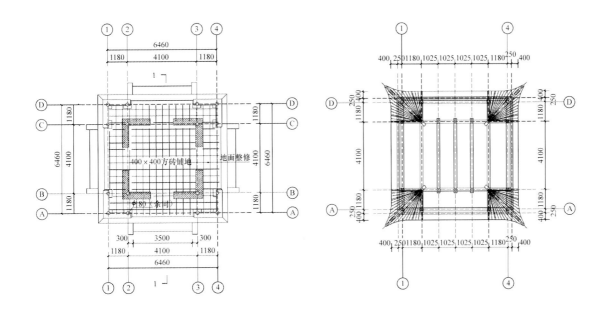

康熙碑亭平面图　　　　　　　　　　　康熙碑亭屋面俯视图

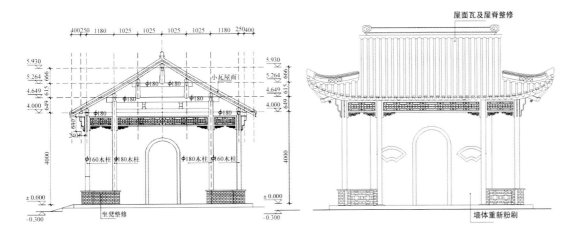

康熙碑亭 1-1 剖面图　　　　　　　　　康熙碑亭立面图

康熙碑亭平面、立面、剖面图

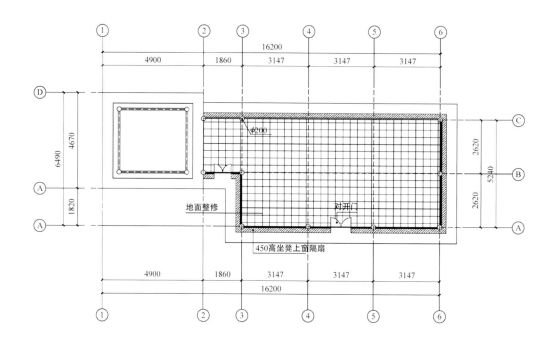

船厅平面图

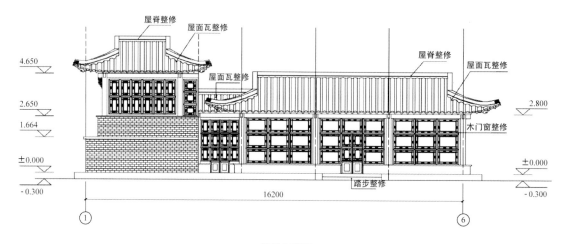

船厅立面图
（1963年市区东圈门壶园移建）

船厅平面、立面图

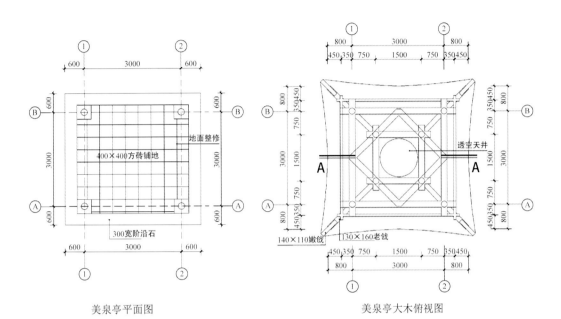

美泉亭平面图

美泉亭大木俯视图

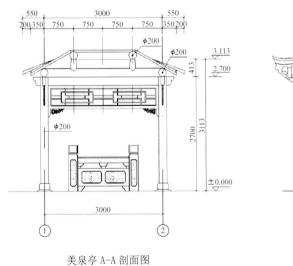

美泉亭 A-A 剖面图

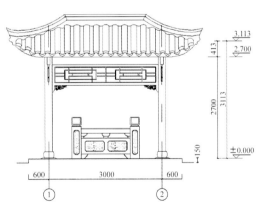

美泉亭立面图

美泉亭平面、立面、
剖面图

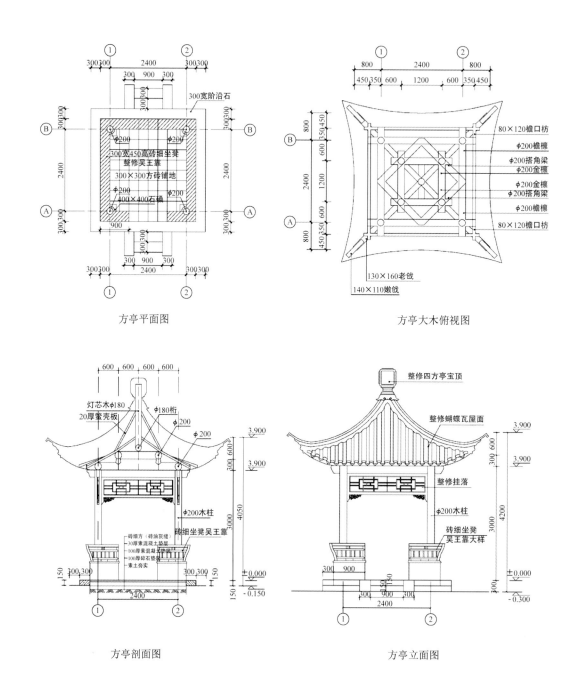

方亭平面图

方亭大木俯视图

方亭剖面图

方亭立面图

方亭平面、立面、
剖面图

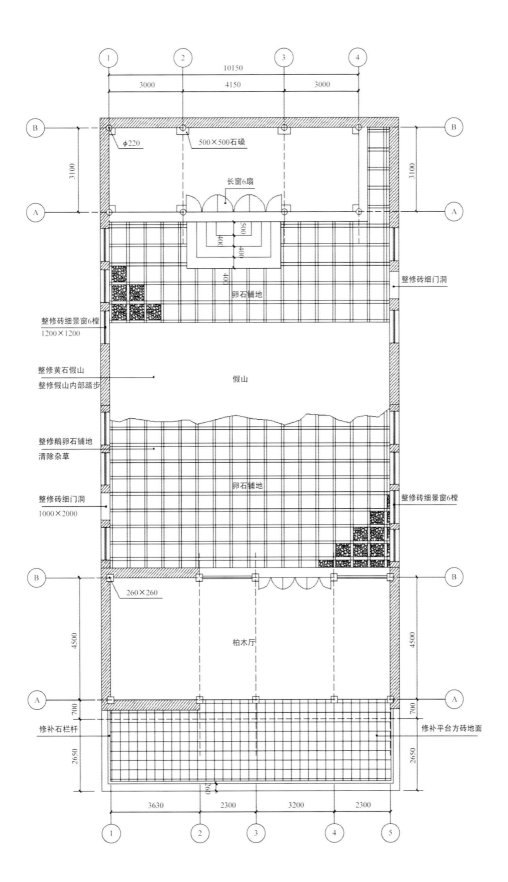

观鱼台及院落平面图

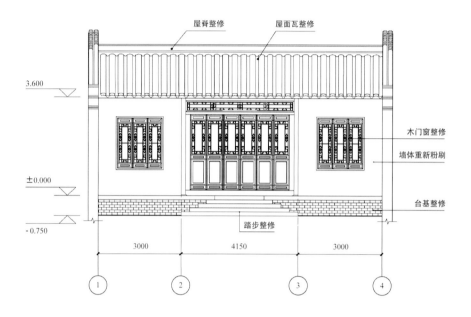

观鱼台院落内建筑立面图

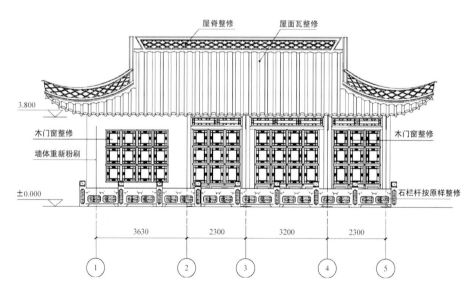

观鱼台建筑立面图　（柏木厅）

（柏木厅 1979 年市区辛园移建）

观鱼台建筑立面图

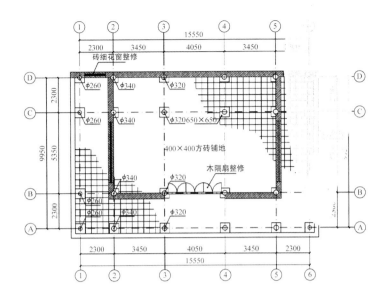

楠木厅平面图

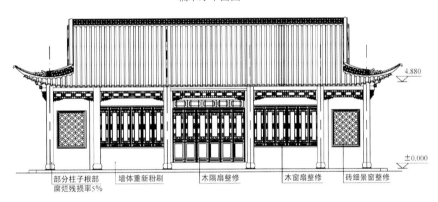

楠木厅立面图

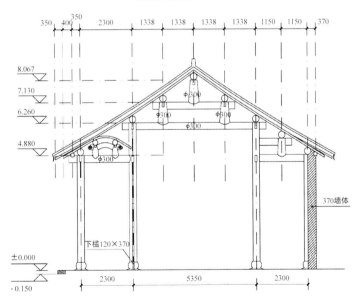

楠木厅剖面图

（楠木厅于1979年城区南来观音庵修建。原是硬山，后移建时改为歇山）

楠木厅平面、立面、
剖面图

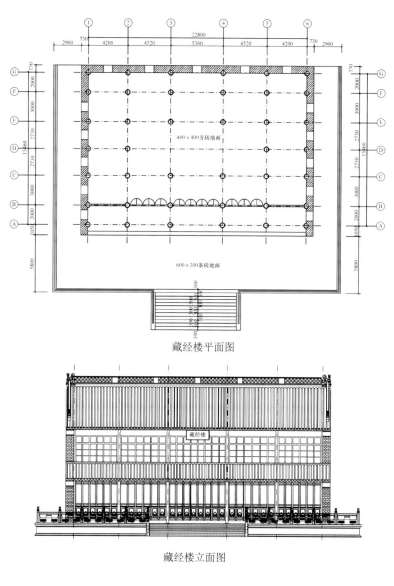

藏经楼平面图

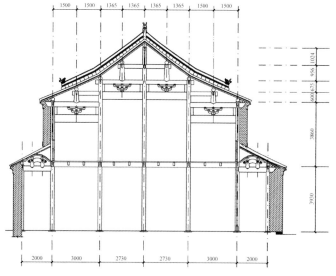

藏经楼立面图

藏经楼平面、立面、
剖面图

藏经楼剖面图（1984年城南福缘寺移建）

附录5 鉴真纪念堂相关资料

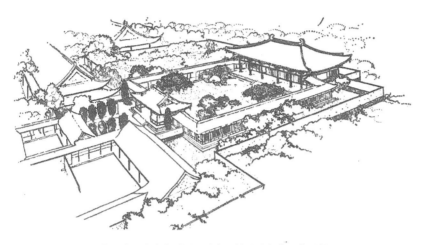

鉴真和尚纪念堂鸟瞰图（引自《梁思成文集》第四辑）

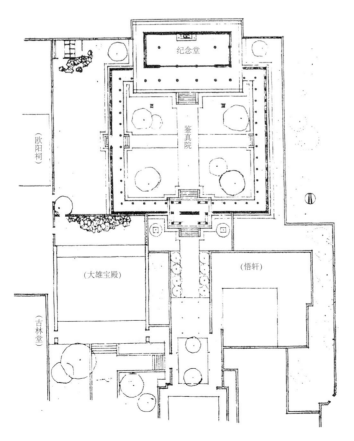

鉴真和尚纪念堂总平面图（引自《梁思成文集》第四辑）

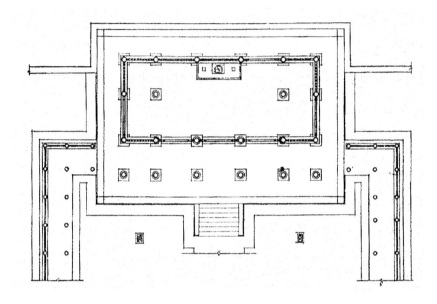

鉴真和尚纪念堂平面图

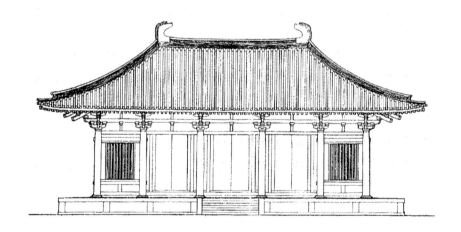

鉴真和尚纪念堂正立面图
（引自《梁思成文集》第四辑）

鉴真和尚纪念堂总平面、
立面图

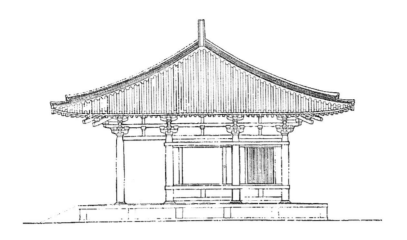

鉴真和尚纪念堂侧立面图

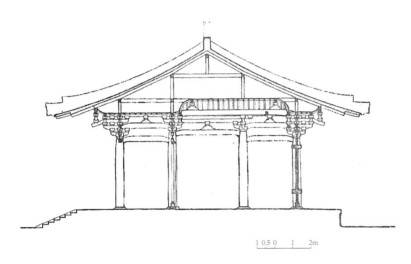

鉴真和尚纪念堂剖面图

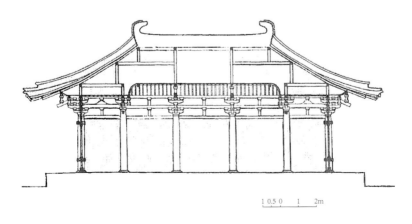

鉴真和尚纪念堂横断面图（引自《梁思成文集》第四辑）

鉴真和尚纪念堂剖面图、立面图

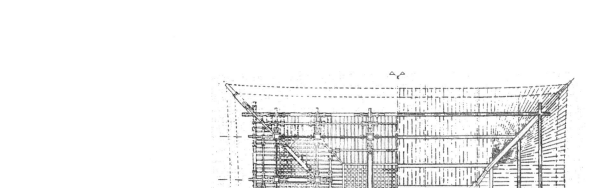

鉴真和尚纪念堂木构架仰俯视图
（引自《唐风建筑营造》李百进著）

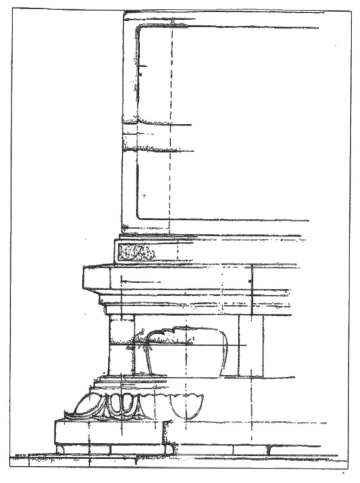

鉴真和尚纪念堂俯视图、
纪念碑详图

梁思成先生鉴真纪念碑方案手稿
（引自《建筑师何时建艺术品论选》）

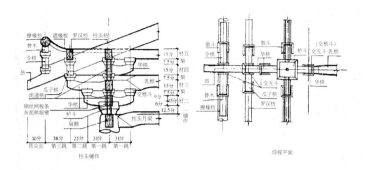

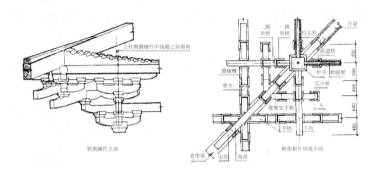

鉴真和尚纪念堂柱头及转角斗栱图

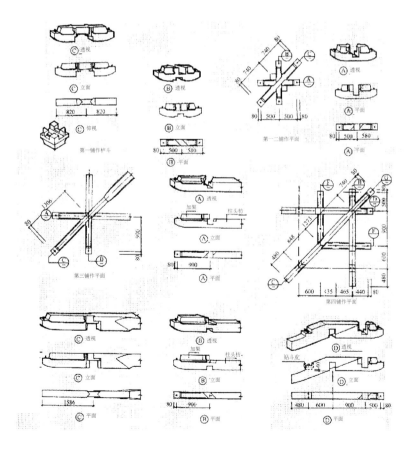

鉴真和尚纪念堂柱头斗栱分件图
（引自《唐风建筑营造》）

鉴真和尚纪念堂都斗栱
详图

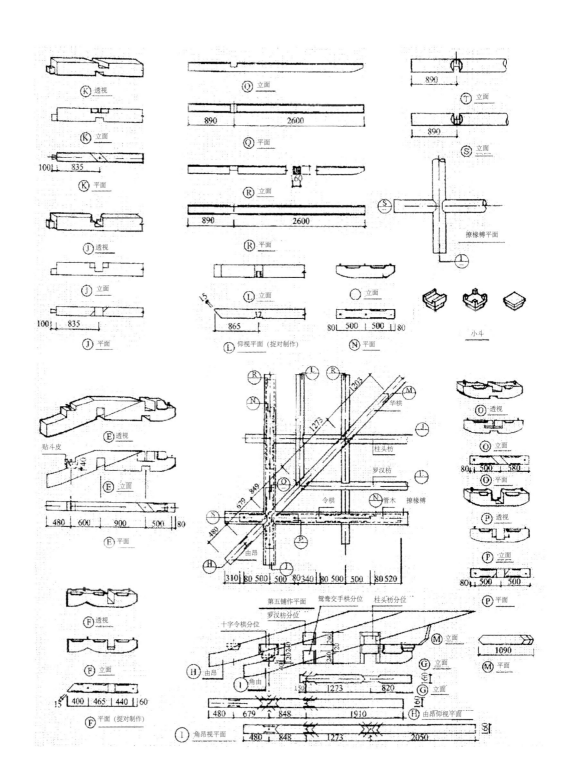

鉴真和尚纪念堂转角斗栱分件图
（引自《唐风建筑营造》）

鉴真和尚纪念堂都斗栱
详图

鉴真和尚纪念堂室内透视图
（引自《唐风建筑营造》）

鉴真和尚纪念堂室内
透视图

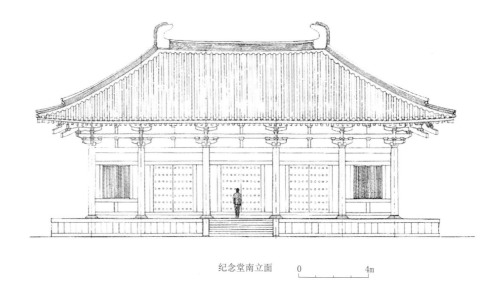

纪念堂南立面　　0　　　　4m

鉴真和尚纪念堂南立面

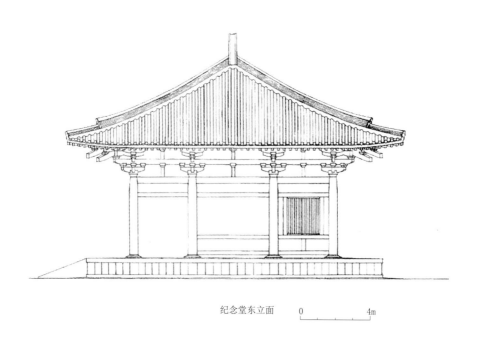

纪念堂东立面　　0　　　　4m

鉴真和尚纪念堂东立面
（引自《建筑师何时建艺术品论选》）

鉴真和尚纪念堂
东、南立面图

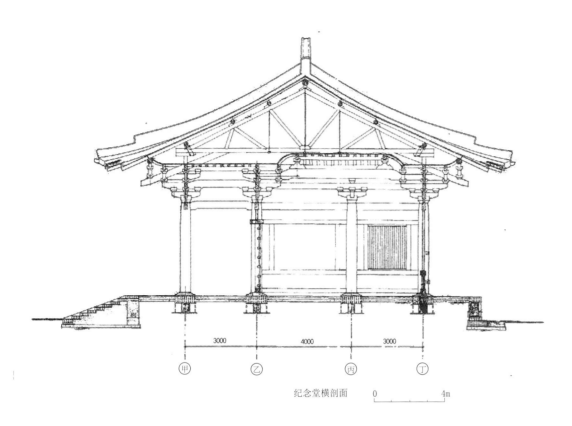

纪念堂横剖面　　0　　　　4m

图 7　鉴真和尚纪念堂横剖面

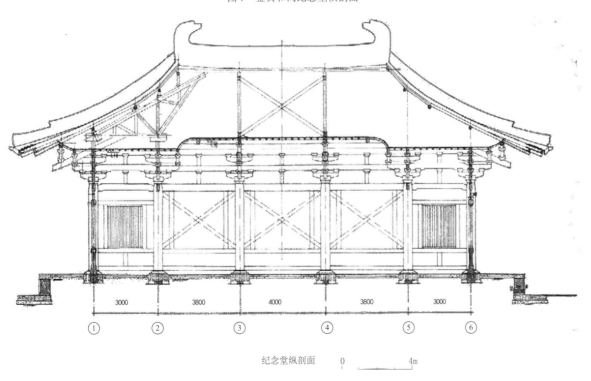

纪念堂纵剖面　　0　　　　4m

图 8　鉴真和尚纪念堂纵剖面
（引自《建筑师何时建艺术品论选》）

鉴真和尚纪念堂剖面图

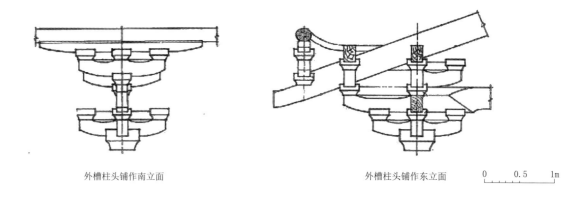

外槽柱头铺作南立面　　　　　　　　外槽柱头铺作东立面

0　0.5　1m

图9　鉴真和尚纪念堂斗栱大样之一

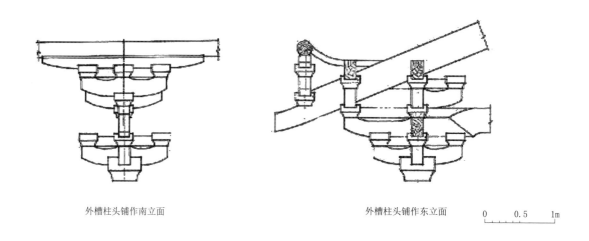

外槽柱头铺作南立面　　　　　　　　外槽柱头铺作东立面

0　0.5　1m

图10　鉴真和尚纪念堂斗栱大样之二
（引自《建筑师何时建艺术品论选》）

鉴真和尚纪念堂斗栱详图

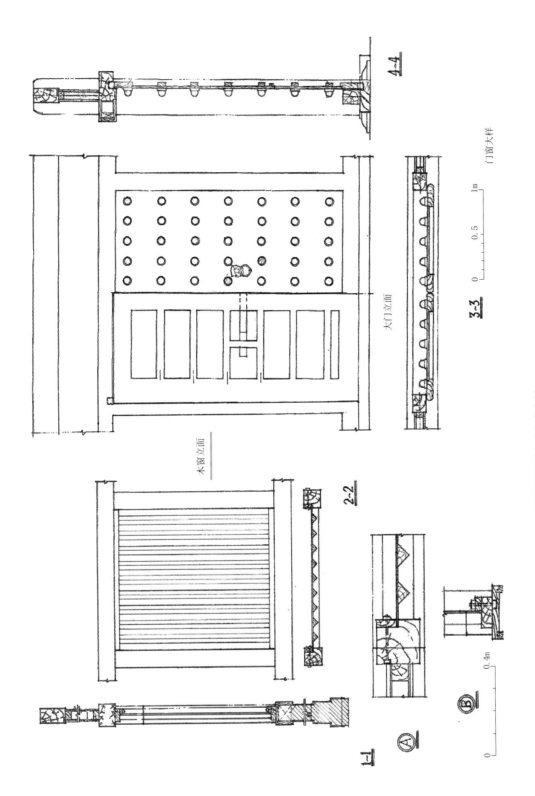

4-4

3-3

大门立面

门窗大样

木窗立面

2-2

1-1

鉴真和尚纪念堂门窗大样
（引自《建筑师何时建艺术品论选》）

鉴真和尚纪念堂门窗详图

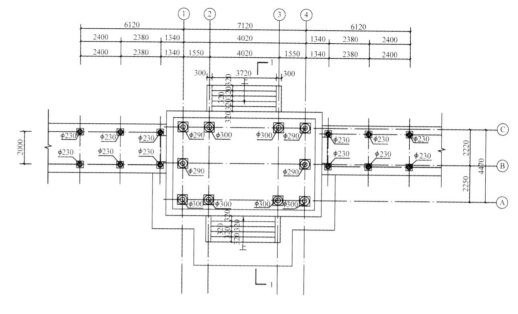

碑亭平面图

碑亭立面图

鉴真和尚纪念堂碑亭
廊子平、立、剖面图

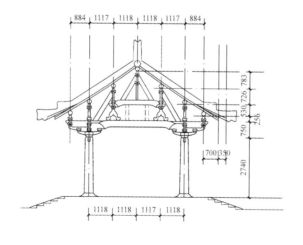

碑亭剖面图

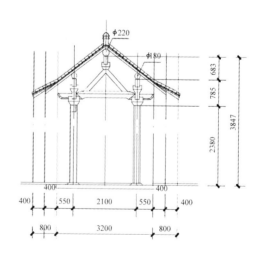

碑亭廊子剖面图

附录6　参修单位名单

建 设 单 位：扬州大明寺

工 程 总 负 责 人：能　修

现 场 负 责 人：仁　卿　仁　戒

设 计 单 位：北京兴中兴建筑设计事务所

　　　　　　　扬州意匠轩园林古建筑营造有限公司

项 目 主 持 人：刘若梅

项 目 负 责 人：梁宝富

勘 察 测 绘：梁宝富　张晓佳　刘德林　梁安邦　项华珺　张　刚

　　　　　　　王定俊　秦　艳　王国斌　王珍珍　杜本军　储开鸣　张帅帅

设 计 方 案 编 制：梁宝富　任庆生　刘德林　张晓佳　梁安邦　张　敏

施 工 单 位：扬州意匠轩园林古建筑营造有限公司

主 要 施 工 人 员：梁宝富　王定俊　张　刚　马　旺　华板海　谢长庆　胡锦玉

监 理 单 位：扬州市建厦工程建设监理有限责任公司

主 要 监 理 人 员：杨文祥　刘永赞　陈芳荣　周思忠

加 固 单 位：江阴市建筑新技术工程有限公司

加固单位负责人：张志强

指 导 单 位：扬州大学　李　琪　宋桂杰

　　　　　　　扬州市文物局　薛炳宽　樊玉祥

　　　　　　　扬州市宗教事务局　许　明　朱建国

参考文献

[1] 能修. 大明寺志 [M]. 北京：中国文史出版社，2004.

[2] 【清】李斗. 扬州画舫录 [M]. 扬州：江苏广陵古籍刻印社，1984.

[3] 【清】赵之壁. 平山堂图志 [M]. 扬州：广陵书社，2004.

[4] 【清】汪应庚. 平山揽胜志 [M]. 扬州：广陵书社，2004.

[5] 顾凤. 扬州园林甲天下 [M]. 扬州：广陵书社，2003.

[6] 朱正海. 扬州名图 [M]. 扬州：广陵书社，2006.

[7] 陈从周. 扬州园林 [M]. 上海：同济大学出版社，2007.

[8] 孙大章. 中国古代建筑史（五）·清代建筑 [M]. 北京：中国建筑工业出版社，2002.

[9] 姚承祖. 营造法原 [M]. 北京：中国建筑工业出版社，1986.

[10] 杜仙洲. 中国古建筑修缮技术 [M]. 北京：中国建筑工业出版社，1983.

[11] 刘大可. 中古建筑瓦石营法 [M]. 北京：中国建筑工业出版社，1993.

[12] 古建筑木结构维护与加固技术规范 [S]. GB 50165—1992，1992.

[13] 古建筑修建工程施工及验收规范 [S]. JGJ 159—2008，2008.

[14] 古建筑工程质量评定标准（南方）[S]. CJJ 70#1996.

[15] 孙德平. 曲阜颜庙复圣殿大修实录 [M]. 北京：中国建筑工业出版社，2011.

[16] 建筑工程质量评定标准 [S]. GB 5030—2001.

[17] 民用建筑电气设计规范 [S]. JGJ 16—2008.

[18] 建筑物防雷设计规范 [S]. GB 50057—2010.

[19] 建筑消防设计规范 [S]. GB 50016—2006.

[20] 朱懋伟，郭光明. 我们是怎样搞好大明寺维修工程的 [J]. 江苏园林，1981.

[21] 梁思成文集第四辑 [M]. 北京：中国建筑工业出版社，1986.

[22] 王慧芳. 江苏省文物保护优秀工程评比集萃 [M]. 南京：凤凰出版社，2006.

[23] 吴晓林. 江苏省文物保护优秀工程评比集萃 [M]. 郑州：大象出版社，2009.

[24] 何时建. 拙匠留痕 [M]. 北京：中国城市出版社，2008.

[25] 李百进. 唐风建筑营造 [M]. 北京：中国建筑工业出版社，2007.

后　记

　　"游人若论登临美，须作淮东第一观"，这是北宋著名诗人秦少游对大明寺的评价，称大明寺为淮东第一佳境。寺院始建于南朝宋孝武帝刘骏大明年间，已有 1500 多年历史，曾有"栖灵寺""法净寺"之称，是国内罕见的一处集宗教文化、文物古迹和风景园林为一体的风景名胜区。唐朝时，寺内高僧鉴真东渡日本弘法，宋时欧阳修、苏轼先后在寺中建平山堂、谷林堂。清代康熙、乾隆两帝南巡时为该寺御笔题书，后辟西园，成为唯一一处记载扬州城建通史的建筑园林古建筑群。它是扬州传统建筑与园林中代表性最高，历史文化价值和技术成就最丰富的圣地。现存的历史遗迹大多为同治年间所建，民国 33（1944 年）全面修缮。1951—1963 年又重修庙宇，为扬州唯一寺庙的佛像在文革中未被捣毁的寺庙。1979 年江苏省人民政府拨款对该寺进行全面整修。1980 年 4 月鉴真大师坐像自日本回扬"探亲"时恢复"大明寺"之名。2006 年被公布为全国重点文物保护单位。

　　2009 年 8 月，时任扬州文物局局长助理的薛炳宽先生邀请有关人员去扬州大明寺讨论大雄宝殿的问题，大明寺能修方丈介绍了有关危险的情况后，与会人员查勘了现场，一致认为暂时不能对外开放，立即申请立项，作为抢救性的保护工程。我有幸参与了该项目的查勘、调研及保护设计方案的起草和讨论工作，看了室内、室外的建筑情况，深感任务太艰巨，压力很大，后来就商于中国文物学会传统建筑园林委员会秘书长，兴中兴建筑设计事务所所长刘若梅先生，得到了她的支持和鼓励。因而 2009 年 8 月 20 日我们立即组织专业团队，开展了勘探和测绘工作，整理收集资料，专门请来了扬州古建、文史专家以及建国后历次修缮的人员分别召开了咨询会议，掌握了大量信息，由于屋面变形较大，为了准确掌握数据，鉴于木构件用料按法式偏小和结构体系复杂的因素，邀请扬州大学李琪教授讨论研究结构方面的问题以及加固方案。通过三个多月的调查、调研，完成了书面文本，于 2009 年 9 月向扬州大明寺能修方丈进行了初步汇报，这时存在"修"与"新建"的争议。2009 年 10 月 16 日正式上报扬州文物局，扬州文物局于 2009 年 12 月 8 日组织了专家组进行评审，专家组人员提出了修改意见，同时存在着"落架"与"不落架"的争议，仍坚持了不落架大修及修改后上报省文物局。2010 年 5 月 7 日国家文物局批准了保护方案。

2011 年 10 月 31 日按照工程建设的程序，确定意匠轩营造进行施工，又迎来了新的挑战，工程开工后，为了保证文物修缮工程的质量，我们十分注重事前控制。开工前对总的施工方案，由建设单位能修方丈主持，市文物局樊玉祥处长以及设计、施工、监理方对施工组织方案进行了评审，并修改后由监理方批准，还编写了文明施工，保护、安全、脚手、防火、用电等专项方案。并进行评审，经批准后方可施工。施工组织方案有效地指导了分部分项的操作，使各项工作都在科学管理和可控制的范围内，取得了良好的效果。

大雄宝殿是扬州传统建筑的瑰宝，存在修缮的难度主要有：结构特征按照法式用料偏少，除南立面和东西立面前檐为承重斗栱，其余的都是"一"字形斗栱，而四周挑檐尺度一样，因而带来了修缮"结构承载复杂"的难度；在更换槽朽的屋面梁柱构件后，经专家认证，对内柱进行碳纤维加固；明照（佛像照壁墙），垂直度偏差很大，采用乱砖及灰泥砌筑，强度很低，正立佛像之尊，背面为精品泥塑海岛观音，担心卸荷后受到损坏，通过多边平衡支撑加固。拆除保护时我日夜忐忑不安，不断深入现场，注意观察，通过建设、设计、监理、施工、文管局方面的共同努力，得到了有效保护。在坚持本体延寿，最少干扰的前提下，实现了按原投资计划节约成本 40%的目标。

在此次工程调研实施和本书编撰过程中，我们屡曾得到国家、省、市文物主管部门及扬州市宗教局等部门及领导的关心和支持。已故的罗哲文先生生前为意匠轩开展文物保护工作给予题字鼓励，深表怀念！扬州大明寺能修大和尚在大雄宝殿竣工后，十分满意，为意匠轩营造题词表扬，甚为感激。感谢江苏省文物建筑文物保护专家组组长戚德耀先生、同济大学路秉杰教授、中国风景园林（工程）学会理事长王泽民先生为本书盛情惠赠序跋，感谢扬州市文化研究会长。原扬州市委常委、宣传部长赵昌智老师为本书封面题字。感谢刘若梅老师在方案编制时的具体指导。感谢朱懋伟、许炳炎、赵立昌、赵建明先生口述了历史修缮情况及提供文字资料，感谢扬州大学李琪教授提出了采用碳纤维加固的方案，感谢扬州文物局文管处的樊玉祥处长参加每次施工方案的认证，并在修缮过程中给予具体指导，感谢同济大学路秉杰、朱宇辉二位老师对本书初稿提出了宝贵的修改意见，感谢扬州文史建筑专家赵国平、焦常臻二位先生对本书成稿后的校对与指导。本书的文字整理由扬州意匠轩古建筑营造有限公司刘春梅、王珍珍、钱云云、王欢、周琪、张帅帅协助，文中的相关图纸整理由刘德林、王珍珍、张帅帅、梁安邦、秦艳、蔡伟胜、张灿灿、张杰、吴海波、王驰、张晓佳多位同志协助，在此一并表示感谢。本书的图片除注明者，其他皆由作者拍摄。感谢中国建材工业出版社佟令玫副总编辑、孙炎责任编辑、高艺菲和肖媛媛美术编辑精心策划、加工、编排全书文稿。在本书出版之际，谨向所有付出过辛勤劳动的人们致以最崇高的敬意并给予深深的谢意！

　　总结经验、收集资料是提高建筑遗产保护的重要路径。由于本人水平有限，收集、整理过程难免有误，恳请专家指正。

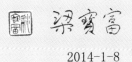

梁宝富

2014-1-8

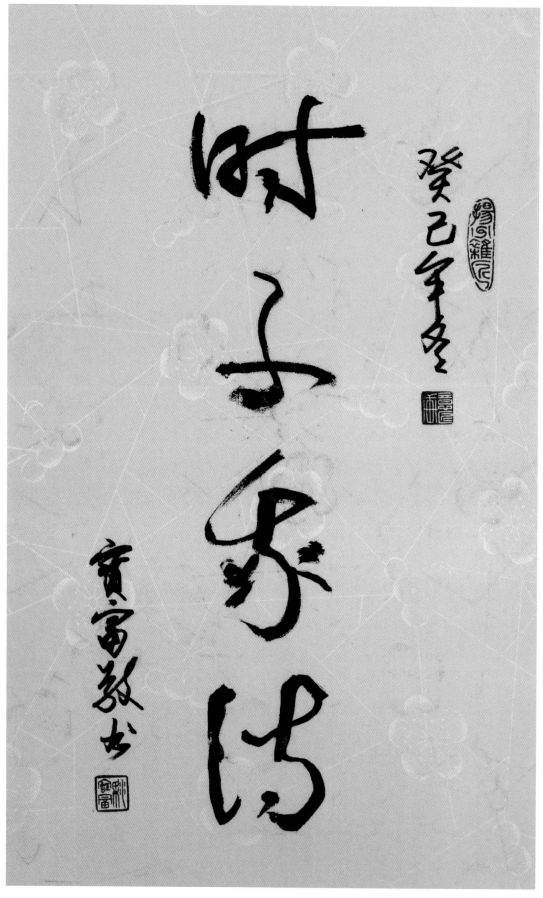

时不我待   作者书

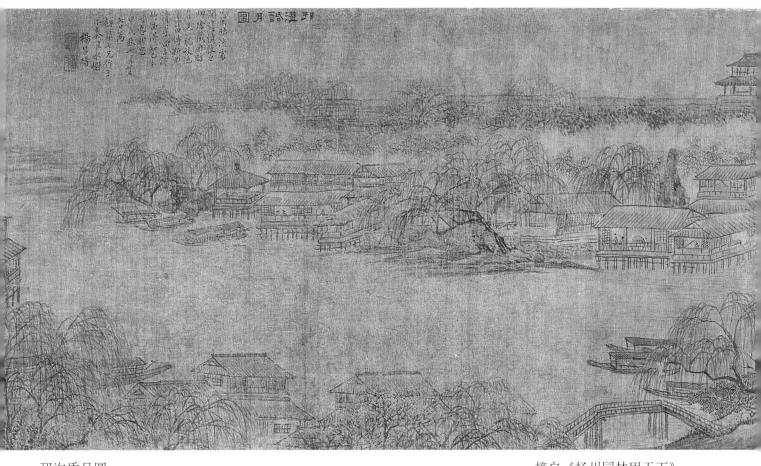

邗沟昏月圆 摘自《扬州园林甲天下》

木刻法净寺

节选《广陵名胜全园》